网页设计与制作教程

主编 唐拥政 王春风 原娟娟 徐秀芳

江苏大学出版社
JIANGSU UNIVERSITY PRESS

镇 江

图书在版编目(CIP)数据

网页设计与制作教程/唐拥政等主编.—镇江：
江苏大学出版社,2013.7(2017.7 重印)
　　ISBN 978-7-81130-477-0

　　Ⅰ.①网… Ⅱ.①唐… Ⅲ.①网页制作工具－高等学
校－教材 Ⅳ.①TP393.092

　　中国版本图书馆 CIP 数据核字(2013)第 152897 号

网页设计与制作教程
Wangye Sheji yu Zhizuo Jiaocheng

主　　编/唐拥政　王春风　原娟娟　徐秀芳
责任编辑/李菊萍　徐　婷
出版发行/江苏大学出版社
地　　址/江苏省镇江市梦溪园巷 30 号(邮编：212003)
电　　话/0511-84446464(传真)
网　　址/http://press.ujs.edu.cn
排　　版/镇江文苑制版印刷有限责任公司
印　　刷/虎彩印艺股份有限公司
开　　本/718 mm×1 000 mm　1/16
印　　张/22.5
字　　数/380 千字
版　　次/2013 年 7 月第 1 版　2017 年 7 月第 2 次印刷
书　　号/ISBN 978-7-81130-477-0
定　　价/48.00 元

如有印装质量问题请与本社营销部联系(电话:0511-84440882)

目　录

第4章 创建网页对象

第5章 使用表格布局页面

第6章 AP元素和框架

第 1 章　网页设计基础

随着网络技术的发展，Internet 的普及，远程教育、电子商务、网上医疗、网络政府等已经构筑成了一个多彩的网络应用世界。互联网作为信息的载体，为全球的资源共享提供了条件，由于信息很容易在 Web 上进行发布，因此许多企事业单位都希望在网络上拥有一个可以展示自身各类信息的平台。于是，网页设计与制作就成为当前社会需要的一项基本计算机技能。本章主要介绍有关网页的基础知识，为后续章节的学习打下基础。

1.1　WWW 简介

WWW 是 World Wide Web 的缩写，也可以简写为 W3，3W，Web 等，称为国际互联网（Internet），又称万维网，它是基于超文本的信息查询和信息发布的系统。使用 WWW 的服务不仅可以提供文本信息，还包括声音、图形、图像以及动画等多媒体信息，它为用户提供了图形化的信息传播界面——网页。实际上，WWW 就是以 Internet 上众多的 WWW 服务器所发布的相互链接的文档为基础，组成的一个庞大的信息网，目前它已经成为继书刊、广播、电视之后的第四媒体，影响力也越来越大。

WWW 为用户提供了一个可以轻松驾驭的图形化用户界面——Web 页（网页），以查阅 Internet 上的文档。WWW 就是以这些 Web 页及它们之间的链接为基础，构成的一张庞大的信息网，如图 1.1 所示。

若将 WWW 视为 Internet 上的一个大型图书馆，"Web 节点"就像

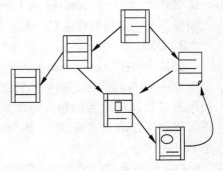

图 1.1　Web 页之间的链接关系

图书馆中的一本本书,而网页则是书中的某一页,多个网页合在一起便组成了一个 Web 节点。用户可以从一个特定的 Web 节点开始 Web 环游之旅。

1.2 网页的基本概念

1.2.1 网页及其主要类型

网页(Web Page)是存放在 Web 服务器上供客户端用户浏览的文件,是通过 WWW 发布的包含文本、图片、声音和动画等多媒体信息的页面,它可以在互联网上传输,是网站最基本的组成单位。一个网页实际上就是一个普通的文本文件,其文件后缀名通常为. htm 或. html。在 IE 浏览器中打开一个网页时,单击"查看"菜单下的"源文件",就会打开一个记事本窗口,显示该网页源文件内容。主页(Home Page,也称为首页)是某一个Web 节点的起始点,通常指用户进入网站后所看到的第一个页面,就像一本书的封面,其文件名通常被命名为 index 或者 default。众多的网页有机地集合在一起就组成了网站。网页的主要类型有如下 6 种。

1. HTML

超文本标记语言(Hyper Text Markup Language,HTML)是利用标记(tag)来描述网页的字体、大小、颜色及页面布局的语言,使用任何文本编辑器都可以对它进行编辑,与 VB,C++等编程语言有本质区别。

对于网页制作的初学者而言,理解 HTML 的工作原理是必要的,但无须具体了解每一个标记的作用,因为现在已经有了很好的所见即所得的网页编辑软件,如 Dreamweaver 和 FrontPage 可以快速地生成 HTML 代码,而无须像早期的网页制作人员一样,一行一行地编写代码了。

2. CGI

公共网关接口(Common Gateway Interface,CGI)是一种编程标准,它规定了 Web 服务器调用其他可执行程序(CGI 程序)的接口协议标准。CGI程序通过读取使用者的输入请求从而产生 HTML 网页。CGI 程序可以用任何程序设计语言进行编写,如 Shell,Perl,C 和 Java 等,其中最为流行的是 Perl 语言。

CGI 程序通常用于查询、搜索或其他的一些交互式的应用。

3. ASP

动态服务器主页(Active Server Pages,ASP)是一种应用程序环境,可以利用 VBScript 或 JavaScript 语言来设计,主要用于网络数据库的查询与管理。浏览者发出浏览请求的时候,服务器会自动将 ASP 的程序码解释为标准 HTML 格式的网页内容,再送到浏览者浏览器上显示出来。因此,也可以将 ASP 理解为一种特殊的 CGI。

利用 ASP 生成的网页,与 HTML 相比具有更大的灵活性。只要结构合理,一个 ASP 页面可以取代成千上万个网页。尽管在工作效率方面 ASP 较之一些新技术要差,但它简单、直观、易学,是涉足网络编程的一条捷径。

4. PHP

超文本预处理器(PHP:Hypertext Preprocessor,PHP)的优势在于其运行效率比一般的 CGI 程序高,并且 PHP 是完全免费的,可以从 PHP 官方站点(http://www.php.net)上自由下载。PHP 在大多数 UNIX 平台、GUN/Linux 和 Microsoft 公司的 Windows 平台上均可以运行。

5. JSP

JSP(Java Server Pages)与 ASP 非常相似,不同之处在于 ASP 的编程语言是 VBScript 之类的脚本语言,而 JSP 使用的是 Java 语言。此外,ASP 与 JSP 另一个更为本质的区别是,两种语言引擎用完全不同的方式处理页面中嵌入的程序代码。在 ASP 下,VBScript 代码被 ASP 引擎解释执行;在 JSP 下,代码被编译成 Servlet 并由 Java 虚拟机执行。

6. VRML

虚拟实境描述模型语言(Virtual Reality Modeling Language,VRML)是描述三维物体及其连接的网页格式。用户可在三维虚拟现实场景中实时漫游,VRML2.0 在漫游过程中还可能受到重力和碰撞的影响,并能与物体产生交互动作,选择不同视点等。

浏览 VRML 的网页需要安装相应的插件,利用经典的三维动画制作软件 3DS MAX,可以简单而快速地制作出 VRML。

1.2.2 静态网页和动态网页

网页按表现形式可分为静态网页和动态网页,如图 1.2 所示。

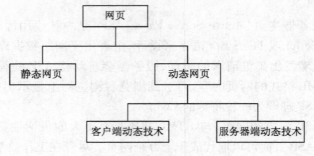

图 1.2 网页的分类

1. 静态网页

静态网页是标准的 HTML 文件,其文件扩展名是. htm 或. html。它可以包含 HTML 标记、文本、Java 小程序、客户端脚本以及客户端 ActiveX 控件,但不包含任何服务器端脚本,网页中的每一行 HTML 代码在放置到Web 服务器前由网页设计人员编写,在放置到 Web 服务器后不再发生任何更改,因此称之为静态网页。静态网页的处理流程如下:Web 浏览器请求静态网页→Web 服务器查找静态网页→Web 服务器将静态网页发送到请示浏览器,如图 1.3 所示。

图 1.3 静态网页的处理流程

当用户单击 Web 页上的某个链接,或在浏览器中选择一个书签,或在浏览器的“地址”框中输入一个 URL 地址并单击“转到”按钮时,浏览器向Web 服务器发送一个页面请求。Web 服务器收到该请求,通过文件扩展名(.htm 或.html)判断出是 HTML 文件请求,并从磁盘或存储器中获取适当的 HTML 文件。Web 服务器将 HTML 文件发送到浏览器,由浏览器对该

HTML 文件进行解释,并将结果显示在浏览器窗口中。

2. 动态网页

动态网页与静态网页之间的区别在于:动态网页中的某些脚本只能在 Web 服务器上运行,而静态网页中的任何脚本都不能在 Web 服务器上运行。当 Web 服务器接收到对静态网页的请求时,服务器将该页发送到请求浏览器,不做进一步的处理;当 Web 服务器接收到对动态网页的请求时,它先将该页传递给一个称为应用程序服务器的特殊软件扩展,然后由这个软件负责完成页。应用服务软件与 Web 服务器软件一并安装、运行在同一台计算机上。动态网页的处理流程如下:Web 浏览器请求动态网页→Web 服务器查找该页并将其传递给应用程序服务器→应用程序服务器查找该页中的脚本命令并完成页→应用程序服务器将完成的页传递回 Web 服务器→Web 服务器将完成的页发送到请求浏览器,如图 1.4 所示。

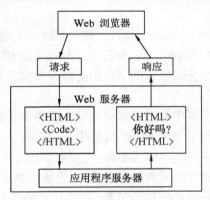

图 1.4　动态网页的处理流程

当用户单击 Web 页上的某个链接,或在浏览器中选择一个书签,或在浏览器的"地址"框中输入一个 URL 地址并单击"转到"按钮时,浏览器向 Web 服务器发送一个页面请求。Web 服务器收到该请求后,通过文件扩展名(.asp)判断出是动态网页文件请求,并从磁盘或存储器中获取适当页,然后将该页传递给相应的应用程序服务器。

应用程序服务器查找该页中的脚本命令,并通过在服务器上执行这些脚本命令而完成页,然后将脚本程序代码从页上删除,由此得到一个静态网页。应用程序服务器将所生成的页传递回 Web 服务器,Web 服务器再将该页发送到浏览器。当该页到达客户端计算机时,所包含的全部内容都是纯 HTML 代码,由 Web 浏览器对这些 HTML 代码进行解释,并将结果显示在浏览器窗口中。

1.2.3　网页的基本元素

一般来说,组成网页的元素有文字、图形、动画、声音视频、表格、超链接、导航栏以及信息提交表单等。

1. 文字

文字是网页的主体,具有传达信息的功能。在网页制作时,可通过字体、字形、字号和颜色等变化来美化页面格局。

2. 图形

WWW 上的图形文件格式主要有 JPEG,GIF 和 PNG 3 种,其中 JPEG 格式可支持真彩色和灰度的图形,而 GIF 文件只能储存 256 色的图片。

3. 动画

动画是动态的图形,添加动画可以使网页更加生动。常用的动画格式包括动态 GIF 图片和 Flash 动画,前者是用数张 GIF 图片合成的简单动画;后者是采用矢量绘图技术生成的带有声音效果及交互功能的复杂动画。

4. 声音和视频

声音是多媒体网页中的重要组成部分。在将声音添加到网页之前,首先要对声音文件进行分析和处理,包括用途、格式、文件大小和声音品质等。网页中支持的声音文件格式很多,主要有 MIDI,WAV,MP3 和 AIF 等。

一般不用声音文件作为背景音乐,否则会影响网页的下载速度。若在网页中添加一个打开声音文件的链接,就能让音乐变得可以控制;也可以在网页中插入视频文件,使网页变得精彩生动,网页中支持的视频文件格式主要有 Realplay,MPEG,AVI 和 DivX 等。

5. 表格

在网页中使用表格可以控制网页中信息的结构布局,精确定位网页元素在页面中出现的位置,使网页元素整齐美观。

6. 超链接

超链接是网页与其他网络资源联系的纽带,是网页区别于传统媒体的重要特点,正是超链接的使用,使互联网变得丰富多彩。

7. 导航栏

导航栏是用户在规划好站点结构,开始设计主页时必须考虑的一项内容,其作用是引导浏览者游历所有站点。实际上,导航栏就是一组超链接,链接的目标就是站点中的主要网页。

一般情况下,导航栏应放在网页中醒目的位置,通常在网页的顶部或者一侧,可以是文本链接,也可以是一些图标或按钮。

8. 信息提交表单

表单类似于 Windows 程序的窗体,可将浏览者提供的信息提交给服务器端程序进行处理。表单是提供交互功能的基本元素,例如问卷调查、信息查询、用户申请及网上订购等,都需要通过表单进行信息的收集工作。

9. 其他常见元素

网页中除了以上几种最基本的元素之外,还有一些其他的常见元素,包括悬停按钮、Java 特效和 ActiveX 特效等,它们使网页更加生动有趣。

综上所述,网页设计的技术复杂性比传统媒体要大得多,但总体来说,文本和图形是构成网页的基本元素,因此掌握页面排版和图像处理非常重要。

1.3 网站的基本概念

WWW 服务器上相互链接的一系列网页组成一个网站(Web Site),即网站是 WWW 上的一个结点。如果输入地址时仅指定 WWW 服务器域名或 IP 地址,而不加路径信息,则将打开网站默认的首页(Home Page),也称为主页。首页是一个网站中最重要的网页,通常包含最重要的信息以及指向各分栏目的超链接。在进行网站设计之前,必须要了解一些基本的专业术语。

1.3.1 URL

URL 的英文全名为 Uniform Resource Locator,中文译名为"统一资源定位器"。它的功能是提供一种在 Internet 上查找任何信息的标准方法,用户只要在浏览器中输入 URL 的内容,便可以得到指定的相关文件。简单地说,URL 就是 WWW 服务器主机的地址,也叫网址。

1.3.2 Internet

Internet 即互联网,也称因特网,是将全球五大洲各种电脑网络连接起来的全球性网络。Internet 提供各种服务供用户使用,例如 WWW 服务(网页浏览服务)、电子邮件服务、网上传呼(如 OICQ)、文件传输(FTP 服务)、在线聊天、网上购物、网络炒股、联网游戏等。

1.3.3　超文本和浏览器

具有超链接功能的文本文件称为超文本(Hypertext)。超文本文件中的某些字、符号或短语起着"热链接"(Hotlink)的作用,在显示出来时其字体或颜色会发生变化或者标有下横线,以区别于一般的正文。

目前,主要浏览器有 Internet Explorer、火狐等,其版本越高,所支持的网页效果就越多,因此浏览器要经常升级。

1.3.4　IP 地址和域名

为了使连接在 Internet 上的计算机能够相互通信,每台计算机都必须有一个唯一的"标识号",即 IP 地址。IP 地址是一个 32 位的二进制编码,其标准写法是 4 个十进制数,即将 32 位 IP 地址按 8 位一组分成 4 组,每组数值都用十进制数表示,每组的范围为 0 ~ 255,组与组之间用小数点分隔,例如 222.73.45.83。

由于 IP 地址的数字形式难以记忆和使用,因此人们引入了域名,以代替复杂的 IP 地址。域名是用英文表示 IP 地址的。

域名是由固定的域名管理组织在全球进行统一管理的,要获得域名需要向各地的网络管理机构进行申请。申请域名后,无论在哪里,只要在与 Internet 相连的浏览器的地址栏中输入域名即可登录相应的网站。

1.4　网站的开发流程

网站开发是一个互动的过程,而不是设计师构思设计就可以完成的。从客户提出需求到最终发布,期间需要客户与设计人员共同参与协商。

1.4.1　客户提出需求

在设计网站页面之前,设计师需要知道客户的需求,从而确定客户建立网站的目的。客户常见的目的包括宣传产品、电子商务、行业宣传、市场开拓等。客户提出网站需求是非常重要的一个环节,没有详细的需求,设计人员无法凭空进行设计制作。在这一流程中,双方的沟通与交流也是非常重要的。

1.4.2　注册域名和申请空间

注册域名和申请空间如同给网站在因特网中命名和安家。域名用以给访问者提供访问地址,而空间则用来存放站点以供访问。

1. 注册域名

域名是网站的名称。由于在网络上,所有的计算机都以一长串的数字构成的 IP 地址进行标识,使用不便,因此人们使用域名来标识网站。域名通常包括国际域名和国家二级域名两种。

国际域名可以被任何访问者访问,具有全球性的特点,因而适合集团公司等企业用户使用。国际域名的申请由 InterNIC 及其他由 Internet 国际特别委员会(IAHC)授权的机构进行。国家二级域名以国家后缀结尾,在我国以 cn 结尾,它具有地域性,因而适合所有国内用户使用。我国国家二级域名的申请由中国互联网络信息中心(CNNIC)负责。

现在,网络中流行使用中文域名。中文域名是为了方便中国的网络用户而产生的,由中文构成。中文域名的申请由中国互联网络信息中心负责。

2. 申请空间

空间是用来存放网站的页面文件。网站空间通常有两种:专有空间和租赁空间。

专有空间是指客户自己提供服务器,所有网站资料均存放在该服务器中。专有空间的特点是空间容量容易得到保证,便于设计较大的网站。但由于很多客户使用的并不是专用服务器,因此服务器的性能存在较大可变性。

租赁空间是指使用租赁的方式向 ICP 服务商购买的空间。该类空间的特点是服务性能稳定,前期投入较少,但租用空间容量有限,不适合大量信息流吞吐。

1.4.3 确定网站的内容和主题

网站设计前期还需要做一些准备工作,比如整合客户资源、收集网站内容资料、确定网站功能等。

设计人员在设计前期,首先要根据客户的需求和计划,确定网站的功能——产品宣传型、网上营销型、客户服务型、电子商务型等,然后根据网站功能,确定网站应达到的目的和应发挥的作用,同时还需要考虑网站后期的可扩展性。

在具体设计构思时,设计人员应该为网站确定一个主题,从而保证所有网页都围绕这一主题进行设计制作,保证风格的和谐统一。如图1.5所示的游戏网站,布局统一、内容明确,网站主题鲜明,视觉效果非常和谐。

图1.5 主题鲜明的游戏网站

1.4.4 设计页面

设计页面是整个流程中最为重要的环节,设计人员要做的事情是设计网站整体风格、色彩搭配、布局结构等,设计的页面将决定最终的网站效果。目前,设计人员常用的网页页面设计软件有两种:Photoshop 和 Fireworks。

1. Photoshop

Photoshop 在图形图像处理领域拥有的权威毋庸置疑。使用 Photoshop 设计网页,具有高速、优质等优点,其缺点是不能生成具有较高兼容性和 Java 特效的 HTML 页面。Photoshop 目前最新的版本是 CS5,如图 1.6 所示。

图 1.6　Photoshop CS 页面

2. Fireworks

Fireworks 相当于结合了 Photoshop(位图处理)以及 CorelDRAW(矢量图)的功能。使用 Fireworks 设计页面,优点是能够输出与 Dreamweaver 完全兼容的、具有双向可编辑性的页面;缺点是色彩和功能方面不如 Photoshop 强大。Fireworks 目前最新的版本是 CS5,如图 1.7 所示。

图 1.7　Fireworks CS5

作为一款为网络设计而开发的图像处理软件,Fireworks CS5 能够自由地导入各种图像;能够自动切图、生成鼠标动态感应的 JavaScript,具有十分强大的动画功能和几乎完美的图像输出功能。

1.4.5　设计网页动画

网页动画对于增添页面动感和提升网站品质具有极大的促进作用。制作精良的动画能与网页相得益彰,甚至锦上添花。网页动画通常以 Banner 条或广告的形式出现,随着宽带网络的普及,越来越多的网站使用动画作为页面导航甚至整个页面。

设计网页动画常用的软件是 Flash,用该软件制作动画具有制作方便、动态效果显著、容量小、适合网络传播等特点,并可以跨平台、跨浏览器显示声音、图片、动画和交互式等内容。图 1.8 所示的 Flash 工作界面非常友好,并且提供非常详细和完整的教程。

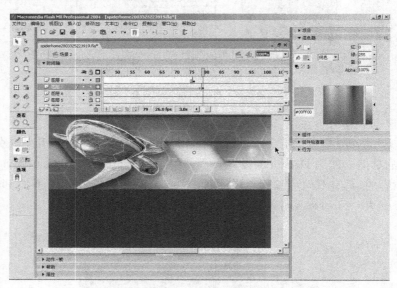

图 1.8　Flash 的工作界面

Flash 提供的透明技术和物体变形技术使复杂的动画创建变得十分容易,给 Web 动画设计者丰富的想象提供了实现手段;交互设计可以让用户随心所欲地控制动画,赋予用户更多主动权;优化的界面设计和强大的工具使 Flash 更简单实用。

　　基于矢量图的 Flash 动画可以随意调整缩放尺寸,而不会影响图像文件的大小和质量;流式技术允许用户在动画文件全部下载完之前播放已下载的部分,而在不知不觉中下载完剩余的部分。

1.4.6　网页整合

　　网页整合是对前期设计进行汇总和编辑。整合页面需要对设计好的网页进行编辑,诸如规划站点、制作链接、制作页面效果等,该阶段主要使用可视化的网页制作软件进行整合。

　　目前整合网页所使用的主流软件是 Dreamweaver,该软件具有强大的可视化编辑功能,其优点是具有完善的站点管理机制,能够添加动态效果代码和客户端程序。在使用 Dreamweaver 进行网页整合时需要注意整体站点结构的划分,为了便于日后的维护和再开发,对于站点和栏目要做到结构清晰明了。Dreamweaver 目前最新的版本是 CS5,如图 1.9 所示。

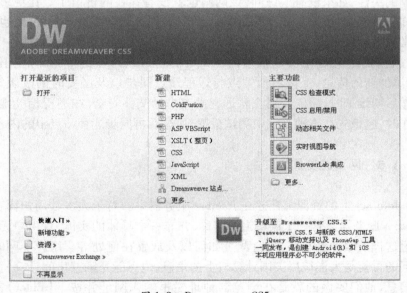

图 1.9　Dreamweaver CS5

　　Dreamweaver CS5 在网页设计流程中主要用来整合页面,例如整合 Photoshop 或 Fireworks 输出的页面,添加动态效果和客户端程序等。

1.4.7　文件发布

文件发布阶段要做的工作是对已经搭建好的本地网站进行测试,测试无误后即可上传至服务器空间进行发布。将网站上传到服务器,也就是将网站文件复制到已经申请的虚拟主机中去。上传发布文件的方法有以下两种:

(1)使用 Dreamweaver 的站点管理功能上传本地文件。使用该方法能够有效同步本地站点和远程站点,但其对远程站点的管理功能较弱。

(2)先使用 FTP 软件连接到服务器空间,然后进行上传发布文件。该方法具有较大的自主性,但不利于对整体站点进行有序管理。

不管使用哪一种方法,只要最终能将本地的网站文件复制到服务器空间中即可。

1.4.8　后期维护

一个网站上传后,如果没有专业人员维护,不断更新内容,就不会引起人们的关注,如果没有人访问,该网站也就没有存在的价值了。让更多的人知道该网站,这才是建立网站的根本目的,因此后期维护是必须的,也是非常重要的环节之一。

后期维护工作主要包括站内测试、网站推广、内容更新、及时更正错误、添加新的信息、保持本地站点与远程站点同步以及必要时的改版等。在做后期维护时,需要特别注意远程站点中的文件安全,在进行相关维护操作时,应该先在本地站点中测试检查,通过后再同步远程站点中的内容。

1.5　网页浏览原理

Internet 上的资源都存放在 Internet 服务器中。对于大多数用户而言,Internet 服务器只是一个逻辑上的名称,并非一个具体的实体,且用户无法知道这样的服务器有多少台、配置如何以及放置在何处等。用户上网时,访问的可能是大洋彼岸美国计算机上的信息,也可能是隔壁房间计算机上的信息,他们要做的就是在浏览器地址栏里输入网址并按下【Enter】键。那么用户访问的信息是怎么到达自己的计算机上的呢?下面介绍互联网的工作模式。

1.5.1　WWW 服务器工作模式

1. C/S 与 B/S 结构

早期的网络系统开发中，大多采用 C/S 结构，C/S 结构就是传统意义上的客户机/服务器模式，系统任务分别由客户机和服务器来完成。服务器具有数据采集、控制和与客户机通信的功能；客户端则包括与服务器通信和用户界面模块。

C/S 最主要的优点在于能够使服务器均衡事务的处理，大大提高系统的事务处理能力。数据库服务器一般采用大型的数据库系统，不仅数据库功能强大，而且有更高的安全性、完整性和稳定性，并发控制得到保障。其最大的缺点是升级麻烦。

在传统 C/S 结构的中间加上一层，可把原来客户机所负责的功能交给中间层来实现，这个中间层即为应用程序服务器（或 Web 服务器）。这样客户端就不再负责原来的数据存取，只需在客户端安装浏览器就可以了。服务器作为数据库服务器，并安装数据库管理系统和创建数据库。应用服务器的作用就是对数据库进行访问，当应用服务器和 Web 服务结合在一起，并通过 Internet/Intranet 网络传递给客户端时，就形成了 B/S 结构模式，这样 Web 服务器既是浏览器的服务器，又是数据库服务器的浏览器。在这种模式下，客户机就变为一个简单的浏览器，形成了现在的 B/S 模式。

2. Web 服务方式

Web 服务建立在客户端/应用服务器/数据库服务器（Client/ Sever/ Database Server，C/S/DS）三层结构模型之上，在网络环境中，客户端向服务器发出服务请求，服务器接收并处理客户的请求，并将结果返回到客户机上显示。

在 Web 上"客户端"和"服务器"并非单一的硬件或软件，而是软硬件的结合。从硬件的角度出发，"客户端"是指用户连接到网络上的计算机，也称为本地计算机，而"服务器"则是指为用户提供服务的计算机（用户访问的计算机）。从软件角度讲，Web 服务类型又分为服务器端软件和客户端软件。"服务器"端软件安装在"服务器"上，用于处理用户的请求，而"客户"端软件则安装在"客户端"上，用户借助它连接网络。

客户端访问 Web 网络的过程如图 1.10 所示。客户端通过 Internet 网络向应用服务器发出请求，应用服务器根据用户的请求，必要时自动完成对数据库服务器的操作，并将处理结果返回客户端显示。

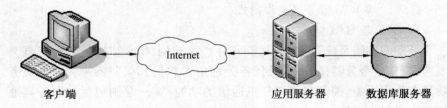

图 1.10　Web 服务结构模式

1.5.2　WWW 的工作过程

WWW 是一种基于超链接(Hyperlink)的超文本和超媒体(Hyperme-dia)系统,其提供的信息具有多样性,因此也称为超媒体环球信息网。

WWW 的工作过程如图 1.11 所示,其工作步骤如下:

① 用户启动客户端浏览器,在浏览器地址栏内输入想要访问网页的 URL,浏览器软件通过 HTTP 协议向 URL 地址所在的 Web 服务器发出服务请求。

② 服务器根据浏览器软件送来的请求,把 URL 地址转化成页面所在服务器上的文件路径,并找出相应的网页文件。

③ 当网页中仅包含 HTML 文档时,服务器直接使用 HTTP 协议将该文档发送到客户端;如果 HTML 文档中还包含 JavaScript 或 VBScript 脚本程序代码,这些代码也将随同 HTML 文档一起下载;如果网页中嵌套有 CGI 或 ASP 程序,这些程序将由服务器执行,并将运行结果发送至客户端。

④ 浏览器解释 HTML 文档,并将结果显示在客户端浏览器上。

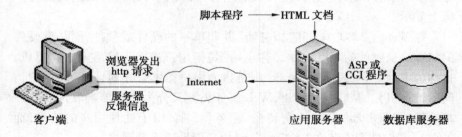

图 1.11　Web 网页浏览过程

1.5.3 网页浏览工具

浏览 Web 页面的软件称为 Web 浏览器(简称浏览器),它是上网冲浪的必备工具软件。浏览器的种类繁多,有图形界面的,也有文字界面的。当今最流行的浏览器是 Microsoft 公司的 Internet Explore(IE)和 Netscape 公司的 Navigator,这两款产品在使用性能和可靠性上相差不大,但由于国内个人计算机多采用 Microsoft 公司的 Windows 操作系统平台,因而 IE 使用更为广泛。除 IE 和 Navigator 外,优秀的浏览器还有不少,下面介绍几款使用较多的浏览器。

1. IE 浏览器

IE 是 Windows 操作系统使用最广泛的浏览器,由 Microsoft 公司研制开发,最早版本为 IE 4.0,集成在 Windows 98 系统中,随后升级为 6.0 版本。IE 浏览器使用方法简单,新版本在原来基础上增加了很多实用的功能,因此使用最广,但受到的攻击也最多,该软件在基础教材中已有详细介绍,此处不再赘述。

2. Maxthon Browser(MyIE2)

Maxthon Browser(遨游浏览器)是著名浏览器 MyIE 的改版,也称 MyIE2,是一款基于 IE 内核的多功能、个性化多页面浏览器。Maxthon Browser 是功能强大,速度快,占用系统资源少的国产优秀软件。它允许在同一窗口内打开任意多个页面,减少浏览器对系统资源的占用率,提高网上冲浪的效率;同时又能有效防止恶意插件,阻止各种弹出式、浮动式广告,增强网上浏览的安全性。Maxthon Browser 支持各种外挂工具及 IE 插件,可以充分利用所有的网上资源,使用户享受到上网冲浪的乐趣。

3. Firefox 浏览器

Mozilla Firefox 是一个自由的、开放源码的浏览器,适用于 Windows,Linux 和 MacOSX 平台,它体积小、速度快,还有其他一些高级特征,如标签式浏览,使上网冲浪更快;可以禁止弹出式窗口;自定制工具栏及扩展管理;更好的搜索特性;快速而方便的侧栏。

4. Opera Browser

Opera Browser 速度很快,出色而小巧,支持 Frames(框架),拥有方便的缩放功能,多窗口,可定制用户界面,高级多媒体特性以及标准和增强 HTML 等。它直接使用 IE 的书签、频道,增加了 E-mail 的客户端功能,可以使用多个账户,并拥有 128 位的加密技术;支持 TLS,SSL2,SSL3,CSS1,

CSS2,XML,HTML 4.0,HTTP 1.1,WML,ECMAScript 和 JavaScript 1.3 等功能。此外,Opera Browser 还有最新的 WAP-WML 技术,可以通过顶端的设置按钮选择页面是层叠式显示还是同屏显示;内置了网络实时聊天的客户端,可以使用 OICQ 的账号;整合了 WAP-surfing 浏览,全新的 OperaShow 功能可以通过【F11】键切换到 fullscreen 显示模式。

5. Fast Browser

Fast Browser 最大的优点是内嵌英文朗读引擎,并有多个朗读精灵供下载使用。用户可以一边看网页,一边听英语(目前仅支持英文网页)。

1.6 常用网页编辑工具

从最简单的记事本、EditPlus 等纯文本编写工具,到 FrontPage,Dreamweaver 等所见即所得的工具都可以作为网页制作编辑工具。众多的网页制作软件各有特色,表 1.1 列出了一些常用的网页编辑与动画制作软件,以后的章节将重点介绍这些工具的使用方法。

表 1.1 常用的网页编辑与动画制作软件

序号	用 途	软件名称
1	编辑网页	NoteBook,EditPlus,FrontPage,Dreamweaver
2	图像编辑制作	Photoshop,ACDSee,CorelDraw
3	上传网页	LeapFTP,CuteFTP
4	音乐编辑、录制软件	Audio Editor,GoldWave,WaveCN,Cool Edit Pro,ARWizard
5	Flash 编辑软件	Flash,FlashMX
6	GIF 动画制作	GIF Animator
7	三维字体制作	COOL 3D
8	音乐播放软件	RealPlayer,Winamp
9	屏幕抓图软件	HySnapDX
10	变脸软件	Morpher

1.6.1　入门级网页编辑软件

1. Microsoft FrontPage 98/2000/2002/2003

如果对 Word 很熟悉,那么用 FrontPage 进行网页设计会非常顺手。

使用 FrontPage 制作网页,能真正体会到"功能强大,简单易用"的含义。页面制作由 FrontPage 中的 Editor 完成,其工作窗口由 3 个标签页组成,分别是"所见即所得"的编辑页、HTML 代码编辑页和预览页。Front-Page 带有图形和 GIF 动画编辑器,支持 CGI 和 CSS,向导和模板都能使初学者在编辑网页时感到十分方便。

FrontPage 最强大之处是其站点管理功能。在更新服务器上的站点时,不需要创建更改文件的目录,FrontPage 会跟踪并复制那些新版本文件。FrontPage 是现有网页制作软件中少数既能在本地计算机上工作,又能通过 Internet 直接对远程服务器上的文件进行操作的软件之一。

2. Netscape 编辑器

Netscape Communicator 和 Netscape Navigator Gold 3.0 版本都带有网页编辑器。如果喜欢用 Netscape 浏览器上网,那么使用 Netscape 编辑器就非常方便。当用 Netscape 浏览器显示网页时,单击"编辑"按钮,Netscape 就会把网页存储在硬盘中,随后就可以开始编辑了,用户可以像使用 Front-Page 那样利用 Netscape 编辑文字、字体、颜色,改变主页作者、标题、背景颜色或图像,定义锚点,插入链接,定义文档编码,插入图像,创建表格等。但是,Netscape 编辑器对复杂的网页设计就显得力不从心了,它连表单创建、多框架创建都不支持。

Netscape 编辑器是网页制作初学者很好的入门工具。如果所制作网页主要是由文本和图片组成的,Netscape 编辑器将是一个不错的选择。如果用户对 HTML 语言有所了解,就可以使用 Notepad 或 UltraEdit 等文本编辑器来编写少量的 HTML 语句,以弥补 Netscape 编辑器的一些不足。

3. Adobe Pagemill

Pagemill 功能不算强大,但使用起来很方便,适合初学者制作较为美观且不是非常复杂的主页。Pagemill 比较适合制作多框架、表单和 Image Map 图像的网页。

Pagemill 创建多框架页十分方便,且可以同时编辑各个框架中的内容。Pagemill 在服务器端或客户端都可创建与处理 Image Map 图像,它也支持表单创建,允许在 HTML 代码上编写和修改,支持大部分常见的 HTML 扩展,还提供拼写检错、搜索替换等文档处理工具。在 Pagemill 3.0 中还增加了站点管理能力,但仍不支持 CSS,TrueDoc 和动态 HTML 等高级特性。

Pagemill 另一大特色是有一个剪贴板,可以将任意多的文本、图形和表格拖放到里面,需要时再打开,十分方便。

4. Claris Home Page 3.0

如果使用 Claris Home Page 软件,可以在几分钟之内创建一个动态网页。这是因为它有一个很好的创建和编辑 Frame(框架)的工具,不必花费太多的力气就可以增加新的 Frame(框架)。而且 Claris Home Page 3.0 集成了 FileMaker 数据库,增强的站点管理特性还允许检测页面的合法链接。不过其界面设计过于粗糙,对 Image Map 图像的处理也不完全。

1.6.2　提高级网页编辑软件

如果用户有一定的网页设计基础,对 HTML 语言又有一定的了解,就可以选择下面的几种软件来设计网页。

1. Dreamweaver

Dreamweaver 是一种很酷的网页设计软件,它不仅包括可视化编辑、HTML 代码编辑的软件包,并支持 ActiveX,JavaScript,Java,Flash 和 Shock-Wave 等特性,而且还能通过拖曳从头到尾制作动态的 HTML 动画,它支持动态 HTML(Dynamic HTML)的设计,即使页面没有 plug-in 也能够在 Netscape 和 IE 4.0 浏览器中正确地显示动画,同时它还提供了自动更新页面信息的功能。

Dreamweaver 还采用了 Roundtrip HTML 技术,这项技术使得网页在 Dreamweaver 和 HTML 代码编辑器之间进行自由转换,HTML 句法及结构不变。这样,专业设计者可以在不改变原有编辑习惯的同时,充分享受可视化编辑带来的益处。Dreamweaver 最具挑战性和生命力的是它的开放式设计,任何人都可以轻松扩展它的功能。

2. HotDog Professional

HotDog 是较早基于代码的网页设计工具,其最大特色的是提供了许多向导工具,能帮助设计者制作页面中的复杂部分。

HotDog 的高级 HTML 支持插入 marquee,并能在预览模式中以正常速度观看,这点非常难得,首创这种标签的 Microsoft 在 FrontPage 98 中也未提供这样的功能。HotDog 对 plug-in 的支持也远远超过其他产品,它提供的对话框允许以手动方式为不同格式的文件选择不同的选项,但对中文的处理不是很方便。

HotDog 是个功能强大的软件,对于那些希望在网页中加入 CSS,Java 和 RealVideo 等复杂技术的高级设计者,是一个很好的选择。

3. HomeSite

Allaire 的 HomeSite 是一个小巧而全能的 HTML 代码编辑器,有丰富的帮助功能,支持 CGI 和 CSS 等,并且可以直接编辑 perl 程序。HomeSite 工作界面繁简由人,根据习惯,可以将其设置成像 Notepad 那样简单的编辑窗口,也可以在复杂的界面下工作。

HomeSite 具有良好的站点管理功能,链接确认向导可以检查一个或多个文档的链接状况,因而更适合那些比较复杂和有精彩页面的设计。如果用户希望能完全控制制作页面的进程,HomeSite 3.0 是最佳选择。不过它对于初学者而言过于复杂。

4. HoTMetal_Pro

HoTMetal 既提供"所见即所得"图形制作方式,又提供代码编辑方式,是个令各层次设计者都不至于失望的软件。但是初学者必需熟知 HTML,才能得心应手地使用该软件。

HoTMetal 具有强大的数据嵌入能力,利用它的数据插入向导,可以把外部的 Access,Word,Excel 以及其他 ODBC 数据提出来,放入页面中,而且 HoTMetal 能够把它们自动转换为 HTML 格式。此外,它还能转换很多老格式的文档,并在转换过程中把这些文档里的图片自动转换为 GIF 格式。

HoTMetal 为用户提供了许多的工具,它还可以用网状图或树状图表现整个站点文档的链接状况。

 本章小结

　　本章主要介绍了 Internet 相关概念,详细描述了网页设计中所用到的基本元素,讲述了网页浏览原理及常用网页浏览器,最后介绍了常用网页编辑工具软件及其功能。

1. 什么是网页？什么是静态网页？什么是动态网页？
2. 什么是 C/S 结构？什么是 B/S 结构？两者有什么异同？
3. 组成网页的基本元素有哪些？
4. 简述 WWW 的工作过程。
5. 常用的网页浏览器有哪些？
6. 网页编辑制作软件有哪些？各有什么特点？

第 2 章　HTML 及 XHTML 的基础知识

Internet 风行世界,作为展现 Internet 风采的重要载体,Web 页也受到了愈来愈多的重视。好的 Web 页可以吸引用户频频光顾站点,从而达到宣传网站的目的。Web 页是由 HTML 组织起来、由浏览器解释显示的一种文件。

最初的 HTML 语言功能极其有限,仅能够实现静态文本的显示,但人们显然不满足于死板的类似于文本文件的 Web 页。XHTML 语言就是在 HTML 语言的基础上发展而来的,XHTML 文档与 HTML 文档的区别不大,只是添加了 XML 语言的基本规范和要求。XHTML 语言是一种标记语言,它不需要编译,可以直接由浏览器执行,它发展的目标是取代 HTML。

那么,究竟什么是 HTML 和 XHTML 呢? 下面将介绍有关 HTML 及 XHTML 的概念及其基本语法。

2.1　HTML 概念

畅游 Internet 时,通过浏览器所看到的网站是由 HTML 语言构成的。HTML 是一种建立网页文件的语言,通过标记式的指令(Tag),将影像、声音、图片、文字等连接显示出来。这种标记性语言是因特网上网页的主要语言。

HTML 网页文件可以使用记事本、写字板或 Dreamweaver 等编辑工具来编写,以. htm 或. html 为文件后缀名保存。将 HTML 网页文件用浏览器打开显示,若测试没有问题则可以放到服务器(Server)上,对外发布信息。

2.1.1　HTML 基本语法

HTML 标记是由"＜"和"＞"括住的指令标记,用于向浏览器发送标记指令,主要分为单标记指令和双标记指令(由"＜起始标记＞"+ 内容 +"＜/结束标记＞"构成)。

HTML 语言使用标志对的方法编写文件,既简单又方便。它通常使用"<标志名>内容</标志名>"来表示标志的开始和结束,在 HTML 文档中这样的标志对必须成对使用。

为了便于理解,将 HTML 标记语言大致分为基本标记、格式标记、文本标记、图像标记、表格标记、链接标记、帧标记和表单标记等。

2.1.2　基本标记

基本标记是用来定义页面属性的一些标记语言。通常一份 HTML 网页文件包含 3 个部分:网页区<html>……</html>、标头区<head>……</head>和内容区<body>……</body>。

1.　<html>……</html>

<html>标志用于 HTML 文档的最前边,用来标识 HTML 文档的开始,而</html>标志,放在 HTML 文档的最后边,用来标识 HTML 文档的结束,这两个标志必须一起使用。

2.　<head>……</head>

<head>和</head>构成 HTML 文档的开头部分,在此标志对之间可以使用<title>……</title>、<script>……</script>等标志对。这些标志对都是用来描述 HTML 文档相关信息的,<head>和</head>标志对之间的内容不会在浏览器的框内显示出来,且这两个标志必须一起使用。

3.　<body>……</body>

<body>和</body>是 HTML 文档的主体部分,在此标志对之间可包含<p>……</p>、<h1>……</h1>、
、<hr>等众多标志,它们所定义的文本、图像等将会在浏览器的框内显示出来。<body>标志主要属性如表 2.1 所示。

表 2.1　<body>标志主要属性

属　性	用　途	范　例
<body bgcolor = "#rrggbb">	设置背景颜色	<body bgcolor = "#red"> 红色背景
<body text = "#rrggbb">	设置文本颜色	<body text = "#0000ff"> 蓝色文本
<body link = "#rrggbb">	设置链接颜色	<body link = "blue"> 链接为蓝色
<body vlink = "#rrggbb">	设置已使用的链接的颜色	<body vlink = "#ff0000"> 链接为红色
<body alink = "#rrggbb">	设置鼠标指向的链接的颜色	<body alink = "yellow"> 黄色

以上各个属性也可以结合使用,如 < body bgcolor = "red" text = "#ff0000" >。引号内的 rrggbb 是用 6 个十六进制数表示的 RGB(即红、绿、蓝 3 色的组合)颜色,如#ff0000 对应的是红色。

4. <title >……</title >

使用过浏览器的人可能都会注意到浏览器窗口最上边蓝色部分显示的文本信息,那些信息一般是网页的主题。要将网页的主题显示到浏览器的顶部其实很简单,只要在 < title > </title > 标志对之间加入需要显示的文本即可。

例2.1 简单的网面设计。

```
< html >
  < head >
    < title > 显示在浏览器窗口最顶端中的文本 </title >
  </head >
  < body bgcolor = "red" text = "blue" >
    < p > 红色背景、蓝色文本 </p >
  </body >
</html >
```

通过该实例,可以了解以上各个标志对在一个 HTML 文档中的布局或所使用的位置。

2.1.3 格式标记

这里所介绍的格式标记都是用于 < body > </body > 标志对之间的。

1. <p >……</p >

< p > </p > 标志对可用来创建一个段落,在此标志对之间加入的文本将按照段落的格式显示在浏览器上。< p > 标志还可以使用 align 属性,用来说明对齐方式,语法如下:

$$< p \ align = "参数" > </p >$$

Align 的参数可以是 Left(左对齐)、Center(居中)和 Right(右对齐)3个值中的任何一个。例如 < p align = "center" > </p > 表示标志对中的文本使用居中的对齐方式。

2.

< br > 是一个很简单的单标记指令,它没有结束标志,用来创建一个

回车换行,即标记文本换行。

3. < blockquote > …… </blockquote >

在 < blockquote > </blockquote > 标志对之间加入的文本将会在浏览器中按两边缩进的方式显示出来。

4. < dl > …… </dl >、< dt > …… </dt >、< dd > …… </dd >

< dl > </dl > 标志对用来创建一个普通的列表; < dt > </dt > 标志对用来创建列表中的上层项目; < dd > </dd > 标志对用来创建列表中的最下层项目, < dt > </dt > 和 < dd > </dd > 标志对都必须放在 < dl > </dl > 标志对之间。

例 2.2　　< dl > …… </dl >、< dt > …… </dt > 和 < dd > …… </dd > 的使用。

```
< html >
  < head >
    < title > 一个普通列表 </title >
  </head >
  < body  text = "blue" >
    < dl >
        < dt > 中国城市 </dt >
          < dd > 北京  </dd >
          < dd > 上海  </dd >
          < dd > 广州  </dd >
        < dt > 美国城市 </dt >
          < dd > 华盛顿  </dd >
          < dd > 芝加哥  </dd >
          < dd > 纽约  </dd >
    </dl >
  </body >
</html >
```

例 2.2 在网页中的显示效果如图 2.1 所示。

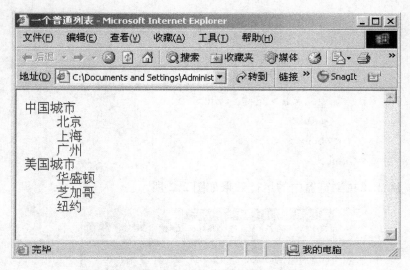

图 2.1　格式标记执行效果 1

5．＜ol＞……＜/ol＞、＜ul＞……＜/ul＞、＜li＞……＜/li＞

＜ol＞＜/ol＞标志对用来创建一个标有数字的列表；＜ul＞＜/ul＞标志对用来创建一个标有圆点的列表；＜li＞＜/li＞标志对只能在＜ol＞＜/ol＞或＜ul＞＜/ul＞标志对之间使用，用来创建一个列表项，如果＜li＞＜/li＞标志对放在＜ol＞＜/ol＞标志对之间，则每个列表项加上一个数字，如果放在＜ul＞＜/ul＞标志对之间，则每个列表项加上一个圆点。

例 2.3　＜ol＞…＜/ol＞、＜ul＞…＜/ul＞和＜li＞…＜/li＞的使用。

```
＜html＞
    ＜head＞
        ＜title＞项目列表和编号列表＜/title＞
    ＜/head＞
    ＜body text = "blue"＞
        ＜ol＞
            ＜p＞中国城市 ＜/p＞
            ＜li＞北京 ＜/li＞
            ＜li＞上海 ＜/li＞
            ＜li＞广州 ＜/li＞
        ＜/ol＞
```

```
                    < ul >
                  < p > 美国城市 </p >
                    < li > 华盛顿 </li >
                    < li > 芝加哥 </li >
                    < li > 纽约 </li >
                  </ ul >
                </ body >
              </ html >
```

例 2.3 在浏览器中的运行效果如图 2.2 所示。

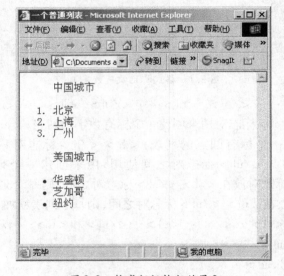

图 2.2　格式标记执行效果 2

6. < div >…… </div >

< div > </div >标志对用来排版大块 HTML 段落,也用于格式化表,此标志对的用法与 < p > </p > 标志对非常相似,同样有 align 对齐方式属性。

2.1.4　文本标记

文本标记主要针对文本的属性设置进行标记说明,如斜体、黑体字、加下划线等。

1. <pre>…… </pre>

<pre> </pre>标志对用来对文本进行预处理操作。

2. <h1> </h1>…… <h6> </h6>

HTML 语言提供了一系列对文本中的标题进行操作的标志对,例如:
<h1> </h1>、<h2> </h2>、……、<h6> </h6>。 <h1> </h1>是
最大的标题,而<h6> </h6>则是最小的标题。如果在 HTML 文档中需
要输出标题文本,可以使用这 6 对标题标志对中的任何一对。

3. <b>…… </b>、<i>…… </i>、<u>…… </u>

经常使用 Word 的人很快就能掌握 3 个标志对。 <b> </b>标志对
用来使文本以黑体字的形式输出;<i> </i>标志对用来使文本以斜体字
的形式输出;<u> </u>标志对用来使文本以下方加下线的形式输出。

4. <tt>…… </tt>、<cite>…… </cite>、<em>…… </em>、
<strong>…… </strong>

这些标志对的用法和上面的一样,只是输出的文本字体不太一样而已。
<tt> </tt>标志对用来输出打字机风格字体的文本;<cite> </cite>标
志对用来输出引用方式的字体,通常是斜体;<em> </em>标志对用来
输出需要强调的文本(通常是斜体加黑体);<strong> </strong>标志对
用来输出加重文本(通常也是斜体加黑体)。

5. <font>…… </font>

<font> </font>标志对可以对输出文本的字体大小、颜色进行随意
的改变,这些改变主要是通过对它的两个属性 size 和 color 的控制来实现
的。 size 属性用来改变字体的大小,其值可以取为 −1,1 或 +1;而 color 属
性则用来改变文本的颜色,颜色的取值是十六进制 RGB 颜色码或 HTML
语言给定的颜色常量名。

例 2.4 文本标记的使用。

```
<html>
  <head>
    <title>文本标记的综合示例</title>
  </head>
  <body text="blue">
    <h1>最大的标题</h1>
```

　　　　< h3 > 使 用 h3 的 标 题 </h3 >

　　　　< h6 > 最 小 的 标 题 </h6 >

　　　　　< p > < b > 黑 体 字 文 本 </b > </p >

　　　　　< p > < i > 斜 体 字 文 本 </i > </p >

　　　　　< p > < u > 加 下 划 线 文 本 </u > </p >

　　　　　< p > < tt > 打 字 机 风 格 的 文 本 </tt > </p >

　　　　　< p > < cite > 引 用 方 式 的 文 本 </cite > </p >

　　　　　< p > < em > 强 调 的 文 本 </em > </p >

　　　　　< p > < strong > 加 重 的 文 本 </strong > </p >

　　　　　< p > < font size =" + 1" color =" red" > size 取 值" + 1"、 color 取 值"red" 时 的 文 本 </font > </p >

　　　</body >

　　</html >

例 2.4 在 浏 览 器 中 的 显 示 效 果 如 图 2.3 所 示。

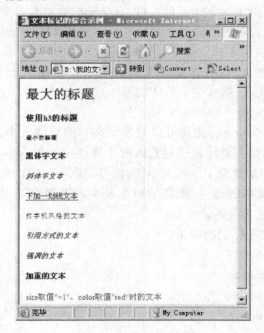

图 2.3　文 本 标 记 执 行 效 果

2.1.5　图像标记

网页如果只有文字而没有图像将失去许多活力,因此图像在网页制作中是非常重要的一个方面,HTML 语言也专门提供了 < img > 标志来处理图像的输出。

1.　< img >

< img > 标志并不是真的把图像加入到 HTML 文档中,而是将标志对的 src 属性赋值。这个值是图像文件的文件名,其中包括路径,这个路径可以是相对路径,也可以是网址。所谓相对路径是指所要链接或嵌入到当前 HTML 文档的文件与当前文件的相对位置所形成的路径。

假如网站的 HTML 文件与图像文件(文件名假设是 logo. gif)在同一个目录下,则可以将代码写成 < img src = ″logo. gif″ >。假如网站的图像文件放在当前的 HTML 文档所在目录的一个子目录(子目录名假设是 images)下,则代码应为 < img src = ″images/logo. gif″ >。

除此之外, < img > 标志还有 alt, align, border, width 和 height 属性。align 属性用来设置图像的对齐方式;border 属性用来设置图像的边框,可以取大于或者等于 0 的整数,默认单位是像素;width 和 height 属性用来设置图像的宽和高,默认单位也是像素;alt 属性用来设置当光标移动到图像上时显示的文本。

2.　< hr >

< hr > 标志是在 HTML 文档中加入一条水平线,它可以直接使用,具有 size, color, width 和 noshade 属性。

size 属性用来设置水平线的厚度,而 width 属性用来设定水平线的宽度,默认单位是像素。noshade 属性不用赋值,直接加入标志即可使用,用来加入一条没有阴影的水平线,若不加入此属性水平线将有阴影。

例 2.5　图像标记的使用。

```
< html >
  < head >
    < title > 图像标记的综合示例 </title >
  </head >
  < body >
    < p align = ″center″ > < img src = ″.. /logo. gif″ alt = ″网页
      设计″ width = ″468″ height = ″60″ > </p >
```

< hr width = "600" size = "1" color = "#0000ff" >

   </body >

  </html >

例 2.5 在浏览器中的显示效果如图 2.4 所示。

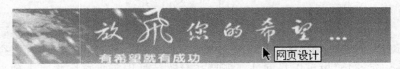

图 2.4 图像标记执行效果

2.1.6 表格标记

  现在很多网页都使用多重表格,主要是因为表格不但可以固定文本或图像的输出,而且还可以任意地进行背景和前景颜色的设置,因此表格标记对于网页制作非常重要。

  1. < table >······ </table >

  < table > </table >标志对用来创建一个表格。它的属性较多,诸如 bgcolor,bordercolor,cellpadding 等,具体的属性参数将在使用 Dreamweaver 整合页面时作详细介绍。

  2. < tr >······ </tr >、<td >······ </td >

  < tr > </tr >标志对用来创建表格中的每一行。此标志对只能放在 < table > </table >标志对之间使用,而在此标志对之间加入文本将是无效的。

  < td > </td >标志对用来创建表格一行中的每一个表格,此标志对只有放在 < tr > </tr >标志对之间使用才是有效的。

  3. < th >······ </th >

  < th > </th >标志对用来设置表头,通常是黑体居中文字。

  例 2.6 表格标记的使用。

   < html >

   < head >

    < title >表格标记的综合示例 </title >

   </head >

    < body >

```
< table border ="1" width ="80%" bgcolor ="#E8E8E8"
    cellpadding ="2" bordercolor ="#0000FF"
bordercolorlight ="#7D7DFF" bordercolordark ="#0000A0" >
  < tr >
    < th width ="33%" colspan ="2" valign ="bottom" > 意
      大利 </th >
    < th width ="36%" colspan ="2" valign ="bottom" > 英
      格兰 </th >
    < th width ="36%" colspan ="2" valign ="bottom" > 西
      班牙 </th >
  </tr >
  < tr >
    < td width ="16%" align ="center" > AC 米兰 </td >
    < td width ="16%" align ="center" > 佛罗伦萨 </td >
    < td width ="17%" align ="center" > 曼联 </td >
    < td width ="17%" align ="center" > 纽卡斯尔 </td >
    < td width ="17%" align ="center" > 巴塞罗那 </td >
    < td width ="17%" align ="center" > 皇家社会 </td >
  </tr >
  < tr >
    < td width ="16%" align ="center" > 尤文图斯 </td >
    < td width ="16%" align ="center" > 桑普多利亚 </td >
    < td width ="17%" align ="center" > 利物浦 </td >
    < td width ="17%" align ="center" > 阿森纳 </td >
    < td width ="17%" align ="center" > 皇家马德里 </td >
    < td width ="17%" align ="center" > …… </td >
  </tr >
  < tr >
    < td width ="16%" align ="center" > 拉齐奥 </td >
    < td width ="16%" align ="center" > 国际米兰 </td >
    < td width ="17%" align ="center" > 切尔西 </td >
    < td width ="17%" align ="center" > 米德尔斯堡 </td >
```

<td width ="17%" align ="center" > 马德里竞技 </td >
<td width ="17%" align ="center" > …… </td >
</tr >
</table >
</body >
</html >

例 2.6 在浏览器中的显示效果如图 2.5 所示。

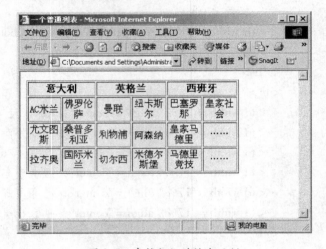

图 2.5　表格标记的综合示例

2.1.7　链接标记

链接是 HTML 语言的一大特色,正因为有了链接,网站内容的浏览才具有灵活性和网络性。

1.　< a href ="……" > …… </a >

该标志对的属性 href 是无论如何不可缺少的,标志对之间加入需要链接的文本或图像(链接图像即加入 < img src ="" > 标志)。

href 的值可以是 URL 形式,即网址或相对路径,也可以是 mailto:形式,即发送 E-mail 形式。当 href 为 URL 时,语法为 < a href ="URL" > </a >,这就构成了一个超文本链接。例如:

< a href ="http://xld. home. chinaren. net/" > 这是我的网站 </a >

当 href 为邮件地址时,语法为 < a href ="mailto:EMAIL" > </a >,这

就创建了一个自动发送电子邮件的链接,mailto:后边紧跟想要自动发送的电子邮件的地址(即 E-mail 地址)。例如:

<a href="mailto:xiaolida@263.net">这是我的电子信箱(E-mail 信箱)</a>

此外,<a href=""> </a>还具有 target 属性,此属性用来指明浏览的目标帧,这些内容将在讲帧标记时作详细的说明。

2. <a name="……">…… </a>

<a name=""></a>标志对要结合 <a href=""></a>标志对使用才有效。<a name=""> </a>标志对用来在 HTML 文档中创建一个标签(即做一个记号),属性 name 是不可缺少的,它的值即是标签名。例如:

<a name="标签名">此处创建了一个标签</a>

创建标签是为了在 HTML 文档中创建一些链接时,以便能够找到同一文档中有标签的地方。要找到标签所在地,就必须使用 <a href=""> </a>标志对。

例如,要找到"标签名"这个标签,就要编写如下代码:

<a href="#标签名">单击此处将使浏览器跳到"标签名"处</a>

2.1.8 帧标记

帧是由英文 Frame 翻译过来的,它用来向浏览器窗口中装载多个 HTML 文件。每个 HTML 文件占据一个帧,而多个帧可以同时显示在同一个浏览器窗口中,组成了一个最大的帧。帧通常的使用方法是在一个帧中放置目录(即可供选择的链接),然后将 HTML 文件显示在另一个帧中。

1. <frameset>…… </frameset>

<frameset> </frameset>标志对用来定义主文档中有几个帧以及各个帧是如何排列的。此标志对放在帧的主文档 <body> </body>标志对的外边,也可以嵌在其他帧文档中或者嵌套使用。它具有 rows 和 cols 属性,使用 <frameset>标志时这两个属性必须至少选择一个,否则浏览器只显示第一个定义的帧,且 <frameset> </frameset>标志对不起任何作用。

rows 用来规定主文档中各个帧的行定位,而 cols 用来规定主文档中各个帧的列定位。这两个属性的取值可以是百分数、绝对像素值或星号"*",其中星号代表那些未被说明的空间,如果同一个属性中出现多个星号,则将剩下的未被说明的空间平均分配。

2. <frame>

<frame>标志放在<frameset> </frameset>之间,用来定义某一个具体的帧。<frame>标志具有 src 和 name 属性,这两个属性都必须赋值。

src 是此帧的源 HTML 文件名(包括网络路径,即相对路径或网址),浏览器将会在此帧中显示 src 指定的 HTML 文件。name 是此帧的名字,这个名字用来供超文本链接标志<a href="" target="">中的 target 属性指定链接的 HTML 文件将显示在哪一个帧中。

例如,定义了一个名为 main 的帧,在帧中显示的 HTML 文件名是 jc. htm,则代码是<frame src="jc. htm" name="main">。单击这个链接后,文件 new. htm 将要显示在名为 main 的帧中,则代码为<a href="new. htm" target="main">需要链接的文本</a>。

此外,<frame>标志还有 scrolling 和 noresize 属性,scrolling 属性用来指定是否显示滚动轴,取值可以是"yes"(显示)、"no"(不显示)或"auto"(若需要则会自动显示,不需要则自动不显示)。noresize 属性直接加入标志中即可使用,不需赋值,用来禁止用户调整一个帧的大小。

3. <noframes>…… </noframes>

标志对也须放在<frameset> </frameset>标志对之间,用来在那些不支持帧的浏览器中显示文本或图像信息。在此标志对之间必须先紧跟<body> </body>标志对,然后才可以使用其他标志。

2.1.9　表单标记

表单在 Web 网页中供访问者填写信息,以获得用户信息,使网页具有交互的功能。

1. <form>…… </form>

<form> </form>标志对用来创建一个表单,即定义表单的开始和结束位置,标志对之间的一切都属于表单的内容。<form>标志具有 action, method 和 target 属性。

action 属性用来处理程序的程序名(包括网络路径,网址或相对路径)。例如:<form action="http://xld. home. chinaren. net/counter. cgi">,当用户提交表单时,服务器将执行网址 http://xld. home. chinaren. net/上的名为 counter. cgi 的 CGI 程序。

method 属性用来定义处理程序从表单中获得信息的方法,可取值为GET 和 POST。GET 方法是从服务器上请求数据,POST 方法是发送数据到服务器。两者的区别在于 GET 方法的所有参数会出现在 URL 地址中,而POST 方法的参数不会出现在 URL 中。通常 GET 方法限制字符的大小,POST 方法则允许传输大量数据。

事实上,POST 方法可以没有时间限制地传递数据到服务器,而用户在浏览器端是看不到这一过程的,因此 POST 方法比较适合用于发送一个保密的(比如信用卡号)或者比较大量的数据到服务器。而 GET 方法会将所要传输的数据附在网址后面,一起送达服务器,因此传送的数据量就会受到限制,但是执行效率却比 POST 方法好。

target 属性用来指定目标窗口或目标帧。

2. <input? type ="">

<input? type ="">标志用来定义一个用户输入区,用户可在其中输入信息,此标志必须放在 <form > </form >标志对之间。<input type ="">标志中共提供了 8 种类型的输入区域,具体是哪一种类型由 type 属性决定。

3. <select >…… </select >、<option >

<select > </select >标志对用来创建一个下拉列表框或复选列表框,此标志对须置于 <form > </form >标志对之间。<select >标志具有 multiple,name 和 size 属性。

multiple 属性不需赋值,直接加入标志中即可使用,加入了此属性后列表框就可多选了;name 是此列表框的名字,与之前讲的 name 属性的作用是一样的;size 属性用来设置列表框的高度,默认时值为 1,若没有设置multiple 属性,显示的将是一个弹出式的列表框。

<option >标志用来指定列表框中的一个选项,它必须放在 <select ></select >标志对之间。此标志具有 selected 和 value 属性:selected 属性用来指定默认的选项;value 属性用来给 <option >指定的那一个选项赋值,这个值要传送到服务器上,服务器通过调用 <select >区域的 value 属性来获得该区域选中的数据项。

4. <textarea >…… </textarea >

<textarea > </textarea >标志对用来创建一个可以输入多行的文本框,此标志对用于 <form > </form >标志对之间。<textarea >具有 name,

cols 和 rows 属性。cols 和 rows 属性分别用来设置文本框的列数和行数,这里列与行是以字符数为单位的。

2.2 XHTML 简介

XHTML 是 eXtensible HyperText Markup Language(可扩展超文本标记语言)的英文缩写,而 HTML 则是 HyperText Markup Language(超文本标记语言)的英文缩写。其实,标准应该是 XML,那为什么要学习 XHTML 呢?因为现在的 HTML 代码繁琐,危机四伏,但是 XML 使用环境还不成熟,所以推出了一个过渡的产品——XHTML,它起着承上启下的作用。

2.2.1 XHTML 的产生

XHTML 是在 2000 年 1 月 26 日被国际标准组织机构 W3C(World Wide Web Consortium)定为标准的,它被认为是 HTML 的一个最新版本,版本号是 1.0,并且将逐渐替换 HTML。目前,所有的浏览器都支持 XHTML,同时 XHTML 1.0 兼容 HTML 4.0。

XHTML 1.0 是一种在 HTML 4.0 基础上优化和改进的新语言,其目的是实现基于 XML 的应用。XHTML 是一种增强了的 HTML,它的可扩展性和灵活性更适应未来网络应用的需求。但是,由于人们已经习惯使用 HTML 作为设计语言,而且已经有数以百万计的页面都是采用 HTML 编写的,因此现在仍然需要使用 HTML。XHTML 实际上 HTML 4.0 的重新组织(确切地说,它是 HTML 4.01,是一个 HTML 4.0 的修正版本),只不过以 XHTML 1.0 命名发行而已。它们非常相似,可以把 XHTML 看作是在 HTML 4.0 基础上的延续,并且 XHTML 最终将取代 HTML。

2.2.2 XHTML 的特点

XHTML 1.0 作为一种语言,其内容符合 XML 标准,如果依照一些简单的指导方针,也能被 HTML 4.0 用户代理程序识别,其主要特点有以下两个方面。

1. XHTML 文档遵从 XML 标准

XHTML 文档遵从 XML 标准,用标准的 XML 工具很容易查看、编辑和检验它们。XHTML 文档可以在现有的 HTML 4.0 代理用户程序中使用,也可以在新的 XHTML 用户代理程序中使用,且在 XHTML 用户代理程序中使用可以达到相同或者更好的效果。

2. XHTML 文档可使用更多的应用程序

XHTML 文档中使用的应用程序(如 Script 和 Applet)可以是 HTML 的文档对象模型 DOM(Document Object Model),也可以是 XML 的文档对象模型。

随着 XHTML 家族的发展,遵从 XHTML1.0 标准的文档更有可能运用在各种 XHTML 环境下。XHTML 家族是 Internet 发展的下一目标,将文档移植成 XHTML,在确保文档向前、向后兼容的同时,开发者还能享受进入 XML 世界带来的益处。

2.3 XHTML 网页文件的创建

一个网页可以简单得只有几个文字,也可以复杂得像一张海报。本节将通过具体创建一个简单页面,来介绍利用 XHTML 进行网页编辑、保存和浏览的方法。

2.3.1 XHTML 网页文件的编辑与保存

用任何网页编辑器都能编辑制作 XHTML 文件,这里以最简单的"记事本"编辑网页为例。在"记事本"中用 XHTML 编辑网页,具体的操作步骤如下:

① 打开记事本。单击 Windows"开始"按钮,执行"所有程序|附件|记事本"菜单命令,如图 2.6 所示。

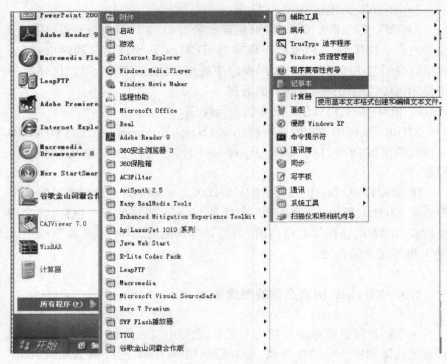

图 2.6　打开"记事本"窗口

②创建新文件,按 XHTML 语言规则进行编写。在"记事本"窗口中输入 XHTML 文档,内容如下:

```
<! DOCTYPE html PUBLIC " -//W3C//DTD XHTML 1.0 Transi-
tional//EN" "http://www. w3. org/TR/xhtml1/DTD/xhtml1-transitional. dtd">
<html xmlns = http://www. w3. org/1999/xhtml>
<head>
  <meta http-equiv = "Content-Type"content = "text/html; charset =
    gb2312"/>
  <title>网页制作练习</title>
</head>
<body>
  欢迎光临我的网页,我第一次做网页,请多包涵!
```

```
</body >
</html >
```

③ 保存网页。在"记事本"窗口中,执行"文件|保存"菜单命令,此时弹出"另存为"对话框,如图2.7所示。

图 2.7 "另存为"对话框

在"保存在"下拉列表框中选择文件要存放的路径,在"文件名"文本框中输入以.html 或者.htm 为后缀的文件名(如 first.htm),在"保存类型"下拉列表框中选择"文本文档",最后单击"保存"按钮,将"记事本"中的内容保存至存储器中。

网页文件的扩展名是.htm 或者.html。如果希望这一页是网站的首页(主页),即想让浏览器输入网址后就显示这一页的内容,可以把该网页文件名设为 index.html 或者 index.htm。

2.3.2 预览和修改网页文件

1. 预览网页

通过编辑建立一个.html 文件后,需要使用浏览器进行预览。打开.html 网页文件最简单的方法是利用"Windows 资源管理器"或"我的电脑",即在"Windows 资源管理器"或"我的电脑"中双击要打开的.html 文件,此时将在默认的浏览器中显示该网页,如图2.8 所示。

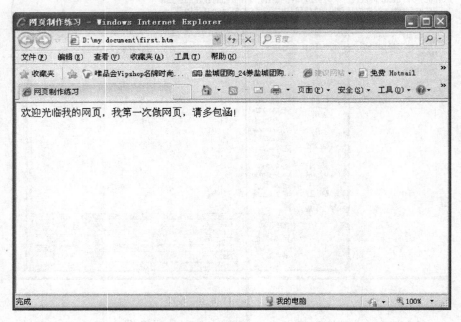

图 2.8　预览网页

在浏览器中可以看到,在编辑 XHTML 文档时输入的一个以上的空格,【Enter】,【Tab】键产生的效果都会被忽略。

> **注意:**如果是以非.html 或者.htm 的文件后缀名存储的文件,用浏览器打开后看到的可能是乱码。因此,必须把网页文件的扩展名定义为.html 或者.htm。

2. 修改网页文件

在浏览时如果对网页显示效果或者内容不满意,可重新在"记事本"

中打开该.html 源文件进行修改,也可以在浏览器中打开网页源文件。具体步骤如下:

① 在 IE 中,执行"查看|源文件"菜单命令,如图 2.9 所示,将在 IE 中打开该网页源文件;也可直接用"记事本"打开网页文件,并进行代码的修改。

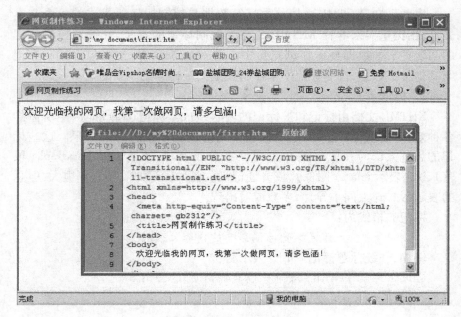

图 2.9　打开网页源文件

② 如果浏览器没有关闭,要在浏览器中看到修改后的显示,不必重新打开该文件,直接单击浏览器工具栏上的"刷新"按钮就可以了。

2.4　XHTML 文档的组成结构

2.3 节中以实例介绍了利用 XHTML 制作网页的简单步骤,本节将根据该实例中的代码介绍 XHTML 文档的基本结构以及 XHTML 相关控制标记的使用。

2.4.1　XHTML 文档基本结构的介绍

从 2.3 节的实例可以看出,除了中文部分外,XHTML 文档是由一些 "<"与">"所包含的控制标记,如 <！DOCTYPE>,<html>,<head>, <title>,<body>,<p>等组成的。但由图 2.9 可见,浏览器中显示出的内容只有 XHTML 文档中的中文部分,而控制标记部分均未显示。

由此可知,XHTML 文档是由字符数据与控制标记所组成的一个文本文件,由浏览器来解释 XHTML 文档中控制标记的意义,并按照控制标记的功能把文本数据显示在浏览器中。即一个 XHTML 文档包含控制标记与其他文字数据,控制标记用来控制其他文字在浏览器中的显示方式。

1. 标记

XHTML 文档由标记和被标记的内容组成。标记(Tag)能产生所需的各种效果,它就像一个排版软件,将网页的内容排成理想的效果。这些标记的名称大都为相应的英文单词首字母或缩写,如 p 表示 paragraph(段落)、img 表示 image(图像),以方便记忆。各种标记的效果差别很大,但总的表示形式却大同小异,大多数成对出现。

标记的格式为:

<p style="text-align:center"><标记>受标记影响的内容</标记></p>

例如,一级标题标记 <h1> 表示为:

<p style="text-align:center"><h1>欢迎光临我的网页！</h1></p>

又如,段落标记 <p> 表示为:

<p style="text-align:center"><p>名曲欣赏</p></p>

在使用标记时,要注意以下 3 点:

(1)每个标记都要用"<"和">"括起来,以表示这是 XHTML 代码而非普通文本。

注意:"<"、">"与标记名之间不能留有空格或者其他字符。

---

(2)在标记名前加上符号"/"是其结束标记,表示该标记内容的结束,如 </h1>。标记也有不用 </标记>结尾的,称之为单标记。

(3)在 Dreamweaver CS5 中文版中,标记(Tag)被翻译为标签。

2. XHTML 文档的基本结构

XHTML 文档可以分为 DTD 声明区和 HTML 数据区,而 HTML 数据区可以看成是一份 XHTML 文档的主体,该区又可以划分为文档头与文档体两个部分。XHTML 文档是一种纯文本格式的文件,由被标记的内容和标记组成,其基本结构如下:

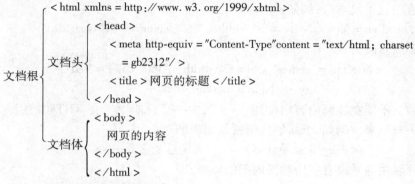

声明文
档类型
{
<! DOCTYPE html PUBLIC″–∥W3C∥DTD XHTML 1.0 Transitional∥EN″
″http:∥www. w3. org∕TR∕xhtml1∕DTD∕xhtml1-transitional. dtd″>
}

文档根
{
< html xmlns = http:∥www. w3. org∕1999∕xhtml >

文档头
{
< head >
  < meta http-equiv = ″Content-Type″content = ″text∕html; charset
   = gb2312″∕ >
  < title > 网页的标题 <∕title >
<∕head >
}

文档体
{
< body >
  网页的内容
<∕body >
<∕html >
}
}

3. XHTML 代码规范

在编写 XHTML 代码时,必须遵循以下规范:

(1)所有的标记都必须要有一个相应的结束标记。在 HTML 中,可以不写结束标记,例如 < p > 和 < li > 不必写相应的 <∕p > 和 <∕li > 来关闭它们,但在 XHTML 中这是不合法的,XHTML 要求有严谨的结构,所有标记必须关闭。如果是单独不成对的标记,在标记最后可用一个"∕"来关闭它,"∕ >"之前必须有一个空格。如:是 < br ∕ >,而不是 < br∕ >;再如:

< br ∕ > < hr align = ″center″width = ″80%″color = ″red″∕ >

(2)所有标记的名称和属性名都必须使用小写。与 HTML 不一样,XHTML 对大小写很敏感,< p > 和 < P > 是不同的标记。XHTML 要求所有的标记和属性的名字都必须使用小写,大小写混写不被认可。

(3)所有的标记都必须合理嵌套。由于 XHTML 要求有严谨的结构,因此所有的嵌套都必须按顺序一层一层地对称嵌套。例如,以前允许的 < p > < b > <∕p > <∕b >,现在必须修改为 < p > < b > <∕b > <∕p >。

(4)所有属性必须用引号括起来,在 HTML 中可以不给属性值加引号,但是在 XHTML 中,它们必须加引号""。例如:

< p align = center > 段落内容 <∕p >

现在必须修改为

<p align ="center"> 段落内容 </p>

（5）把所有"<"、">"和"&"等特殊符号用编码表示。如果要在浏览器中显示小于号"<"，必须使用编码 &lt；如果要显示大于号">"，必须使用编码 &gt；如果要显示"&"符号，必须使用编码 &amp。

（6）给所有属性赋一个值。XHTML 规定所有属性都必须有一个值，没有值的就重复本身，例如：

< hr align = "center" size = "3" width = "360" color = "red" noshade/ >

现在必须修改为：

< hr align = "center" size = "3" width = "360" color = "red"
noshade = "noshade"/ >

（7）不能在注释内容中使用" －－"，" －－"只能发生在 XHTML 注释的开头与结束。例如，下面的代码就是错误的：

<！—这里是注释·············这里是注释 －－>

这时可以用等号或者空格替换内部的虚线，即：

<！—这里是注释======这里是注释 －－>

2.4.2　XHTML 声明文档类型

XHTML 文档的第一行称为 DOCTYPE 声明（document type，文档类型），用来说明该 XHTML 或者 HTML 文档是什么版本。要建立符合标准的网页，DOCTYPE 声明是必不可少的组成部分。

1. 声明文档类型的格式

DOCTYPE 声明必须放在每一个 XHTML 文档最顶部，在所有代码和标识之前。其格式如下：

<！DOCTYPE element-name DTD-type DTD-name DTD-url >

2. 声明文档类型的格式要求

在声明文档类型格式中，各部分的含义及要求如下：

（1）<！DOCTYPE：表示开始声明 DTD。DOCTYPE 必须为大写字母。

（2）element-name：指定 DTD 的根元素名称。在 HTML 文件中所有的控制标记必须以 HTML 为根控制标记，因此在 DTD 声明中 element-name 必须是 html。

（3）DTD-type：指定 DTD 是属于标准公用的还是私人制定的。DTD-type 若设为 PUBLIC 则表示该 DTD 是标准公用的,若设为 SYSTEM 则表示是私人制定的。

（4）DTD-name：指定 DTD 的文件名称。其中,DTD 称为文档类型定义,里面包含了文档的规则,浏览器根据设计者定义的 DTD 来解释页面中的标识,并展现出来。

XHTML1.0 提供了 3 种 DTD 声明可供选择,其名称分别是:

"–//W3C//DTD XHTML 1.0 Transitional//EN";

"–//W3C//DTD XHTML 1.0 Strict//EN";

"–//W3C//DTD XHTML 1.0 Frameset//EN"。

> **注意**：Transitional（过滤的）：要求非常宽松的 DTD,它允许继续使用 HTML 4.01 的标识（但要符合 XHTML 的写法）。其完整代码如下:
>
> <！DOCTYPE html PUBLIC "–//W3C//DTD XHTML 1.0 Transitional//EN"
>   http://www.w3.org/TR/xhtml1/DTD/xhtml1-transitional.dtd >
>
> Strict（严格的）：要求严格的 DTD,不能使用任何表现层的标识和属性（如 < br >）。其完整代码如下:
>
> <！DOCTYPE html PUBLIC "–//W3C//DTD XHTML 1.0 Transitional//EN"
>   http://www.w3.org/TR/xhtml1/DTD/xhtml1-strict.dtd >
>
> Frameset（框架的）：专门针对框架页面设计使用的 DTD,如果页面中包含有框架,则需要采用这种 DTD。其完整代码如下:
>
> <！DOCTYPE html PUBLIC "–//W3C//DTD XHTML 1.0 Transitional//EN"
>   http://www.w3.org/TR/xhtml1/DTD/xhtml1-frameset.dtd >

（5）DTD-url：指定 DTD 文件所在的 URL 网址。当浏览器解读 HTML 文件时,若有需要就要通过指定的网址下载 DTD。这 3 种 DTD 文件所在的 URL 网址分别如下:

http://www.w3.org/TR/xhtml1/DTD/xhtml1-transitional.dtd

http://www.w3.org/TR/xhtml1/DTD/xhtml1-strict.dtd

http://www.w3.org/TR/xhtml1/DTD/xhtml1-frameset.dtd

（6）> ：表示结束 DTD 的声明。

网页设计者究竟应该选择何种 DOCTYPE 呢? 理想情况当然是严格的 DTD,但对于大多数刚接触 Web 标准的设计者来说,过滤的 DTD

（XHTML 1.0 Transitional）是较合理的选择。因为这种 DTD 允许使用表现层的标识、元素以及属性，也比较容易通过 W3C 的代码校验。所谓"表现层的标识、属性"是指那些纯粹用来控制表现的标记，例如用于排版的表格、背景颜色、字体大小标记等。在 XHTML 中标识是用来表示结构的，而不是用来实现表现形式的，标准 Web 的目的是最终实现数据和表现相分离。

2.4.3　XHTML 文档根标记

1. XHTML 文档根标记的格式

XHTML 文档根标记的格式如下：

> < html xmlns = http://www.w3.org/1999/xhtml >
>
> 文档内容
>
> </html >

其中，< html > 表示 XHTML 文档的开始，</html > 表示 XHTML 文档的结束。

2. 声明命名空间

Xmlns 是 XHTML namespace 的缩写，称为"命名空间"声明。

由于 XML 允许设计者定义自己的标记，一个人定义的标记与另一个人定义的标记有可能相同，但表示的意义一般不同，当文件交换或者共享的时候就容易产生错误。为了避免这种错误的发生，XML 采用声明命名空间，允许通过一个网址指向来识别不同的标记。由于 XHTML 是 HTML 向 XML 过渡的标记语言，它需要符合 XML 文档的规则，因此也需要定义命名空间。因为 XHTML1.0 不能自定义标记，所以它的命名空间都相同，就是http://www.w3.org/1999/xhtml。

2.4.4　XHTML 文档头标记

XHTML 文档包括头部（head）和主体（body）。由 < head > 至 </head > 所构成的区域称为文档头，主要用来描述此 XHTML 文档的一些基本数据或设置一些特殊功能（如调用外部样式表），且在文档头内所设置的数据不会显示在浏览器窗口中。

1. XHTML 文档头标记的格式

XHTML 文档头标记的格式如下：

```
< head >
< meta http-equiv = "Content-Type" content = "text/html"; charset =
   "gb2312/ >"
< title > 网页的标题 </title >
</head >
```

在以上格式中, < meta http-equiv = "content-type" content = "text/html";
charset = "gb2312"/ >用于定义所用的语言编码。为了被浏览器正确解释
和通过 W3C 代码校验,所有的 XHTML 文档都必须声明所使用的编码语
言,我国一般使用 gb2312,制作多国语言页面也有可能用 Unicode、ISO-
8859-1 等,可根据需要定义。

2. 文档标题标记

在文档头标记的格式中, < title > …… </title > 用于定义 XHTML 文
档的标题。

在文档头部定义的标题并不在浏览器窗口中显示,而是在浏览器的标
题栏中显示。尽管头部定义的信息很多,但能在浏览器标题栏中显示的信
息却只有标题。标题为浏览者提供很多方便,主要表现为以下几个方面:

(1) 标题概括了网页的内容,能使浏览者迅速了解网页的大概。

(2) 如果浏览者喜欢该网页,将它加入书签中或者保存到存储器上,
标题就作为该页面的标志或者文件名。

(3) 使用搜索引擎时显示的结果也是页面的标题。

例 2.7 文档标记的使用。

打开"记事本"窗口,输入下面的代码:

```
< ! DOCTYPE html PUBLIC " - //W3C//DTD XHTML 1.0 Transi-
   tional//EN" http://www. w3. org/TR/xhtml1/DTD/xhtml1-transi-
   tional. dtd >
< html xmlns = "http://www. w3. org/1999/xhtml" >
< head >
< meta http-equiv = "content-type" content = "text/html"; charset =
   "gb2312"/ >
< title > 清香花店 </title >
</head >
< body > 欢迎在网上订购本店鲜花,价格公道,保证送货及时、
```

准确。

　　　　</body >

　　　　</html >

执行"文件|保存"菜单命令,在弹出的"另存为"对话框中以文件名 ex. html 进行保存,在浏览器中观察显示效果,如图 2.10 所示。

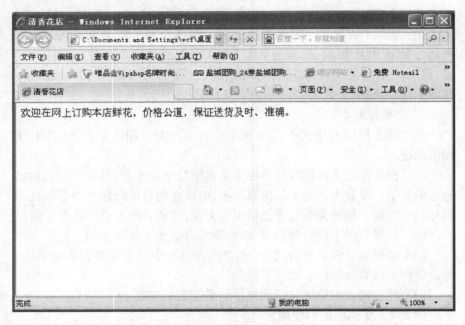

图 2.10　文档标题标记示例

　　XHTML 并不要求在书写时缩进,但为了提高代码的易读性,建议初学者使用标记时首尾对齐,内部的内容向右缩进几格。

2.4.5　XHTML 文档主体标记

XHTML 文档主体标记的格式如下:

　　　　< body bgcolor ="色彩值" background ="图像文件名" bgproperties ="fixed" text ="色彩值" link ="色彩值" vlink ="色彩值" alink ="色彩值" leftmargin ="像素值" topmargin ="像素值">

　　　　网页内容

　　　　</body >

主体位于头部之后,以 < body > 为开始标记, < /body > 为结束标记。它定义网页上显示的主要内容与显示格式,是整个网页的核心,网页中真正要显示的内容都包含在主体中。

< body > 标记有很多属性,可以定义页面的背景图像、背景色彩、文字色彩、超文本链接的色彩等,这些属性主要用于设定网页的总体风格。

Bgcolor:设置网页的背景色。

Background:设置网页的背景图像,bgproperties = "fixed"可使背景图像固定。

Text:设置非可链接文字的色彩。

Link:设置尚未被访问过的超文本链接的色彩,默认为蓝色。

Vlink:设置已被访问过的超文本链接的色彩,默认为紫色。

Alink:设置超文本链接在被访问瞬间的色彩,默认为蓝色。

Leftmargin:设置页面左边的空白,单位为像素值。

Topmargin:设置页面上方的空白(天头),单位为像素值。

例 2.8 将例 2.7 中网页的背景色设置为绿色。

在"记录本"窗口中进行修改,最后的代码如下:

```
< ! DOCTYPE html PUBLIC " - //W3C//DTD XHTML 1.0 Transi-
tional//EN"  http://www. w3. org/TR/xhtml1/DTD/xhtml1-transi-
tional. dtd >
< html xmlns = " http://www. w3. org/1999/xhtml" >
< head >
 < meta  http-equiv = "content-type"  content = "text/html";  charset =
 "gb2312"/ >
< title > 清香花店 < /title >
< /head >
< body bgcolor = green >
欢迎在网上订购本店鲜花,价格公道,保证送货及时、准确。
< /body >
< /html >
```

在浏览器中单击"刷新"按钮,可以看到网页的背景已经被改为绿色。

网页作为一种新的视觉表现形式,虽然发展时间不长,但既兼容了传统平面设计的特征,又具备它独有的优势,成为今后信息交流的一个非常有影响力的途径。

　　好的网页设计首先应考虑内容上的精益求精,其次就要对内容进行合理有效的视觉编排。美是任何网页必须具备的基本条件,网页信息不仅是为了满足使用者的需求,更重要的是创造一种愉悦的视觉环境,使访问者有一种全身心的享受和共鸣。

　　网络本身就是一个处理信息的巨型平台,设计者必须充分认识网络,了解网络的特征,才能使设计的网页更加适合于网络的传播。

［实例 2.1］

实例说明：本实例介绍字体设置标志的使用方法。

实例分析：利用字体设置标志，设置字体的大小、颜色及字体的属性，完成字体设置的 HTML 网页的制作。

操作步骤：

① 执行"开始｜程序｜Macromedia｜Dreamweaver CS5"菜单命令，启动 Dreamweaver CS5 程序。

② 新建文档，并进入"代码"视图。

③ 在"代码"视图中输入如下源代码：

```
< html >
  < head >
    < title >  HTML  中字体的设置  < /title >
  < /head >
  < body >
    < h1  align = center  >
      < font  size = "14"  color = "#0000FF"  face = cursive > 欢迎进
          入校园网站  < /font >
    < /h1 >
  < /body >
< /html >
```

④ 执行"文件｜保存"菜单命令，在打开的"另存为"对话框中选择存放位置、输入网页文件名。例如：输入 mud. htm，在"保存类型"中选择"所有文件"，最后单击"保存"按钮。

⑤ 双击 mud. htm 文件，则可打开该网页。

［实例 2.2］

实例说明：本实例分析 Transitional DTD 格式文档的两个不同写法。

实例分析：分别采用带 XML 声明及不带 XML 声明的方式进行 Transitional DTD 格式文档的编写。

① 带 XML 声明的 Transitional DTD 格式文档。

```
< ? xml version = "1. 0" encoding = "GB2312"? >
< ! DOCTYPE html PUBLIC " – //W3C//DTD XHTML 1. 0 Transi-
tional//EN" http://www. w3. org/TR/xhtml1/DTD/xhtml1-transi-
tional. dtd >
< html xmlns = " http://www. w3. org/1999/xhtml" >
< head >
< title >带 XML 声明的 Transitional DTD 格式文档 </title >
</head >
< body >
    < HL > XHTML 1. 0 示例 1 </HL >
    < img src = ".. \tu ku \mouse. jpg" >
    < BR / >
< p > 这是一个简单的 XHTML 示例 </p >
< HR / >
</body >
</html >
```

② 不带 XML 声明的 Transitional DTD 格式文档。

```
< ! DOCTYPE html PUBLIC " – //W3C//DTD XHTML 1. 0 Transi-
tional//EN" http://www. w3. org/TR/xhtml1/DTD/xhtml1-transi-
tional. dtd >
< html xmlns = " http://www. w3. org/1999/xhtml" >
< head >
< title > 不带 XML 声明的 Transitional DTD 格式文档 </title >
    < meta http-equiv = "Content-Type" content = "text/html; charset
    = GB2312"/ >
</head >
< body >
    < HL >XHTML 1. 0 示例 2 </HL >
    < img src = ".. \tu ku \mouse. jpg" >
< BR / >
    < p > 这是一个简单的 XTHML 示例 </p >
```

＜HR／＞

　　＜／body＞

　　＜／html＞

思考与练习 ▶

1. 除了 Dreamweaver,还有哪些编辑器可以用来编辑 HTML 源文件?

2. 有一 HTML 源文件如下:

　　＜html＞

　　＜head＞

　　　　＜title＞ Untitled Document ＜／title＞

　　　　＜style type＝"text／css"＞p{color:red} ＜／style＞

　　＜／head＞

　　＜body＞

　　＜p＞＜font color＝green＞ 颜色控制 ＜／font＞＜／p＞

　　＜／body＞

　　＜／html＞

请问:文本"颜色控制"将以什么颜色显示? 为什么?

3. 写出 XHTML 文件的基础结构,简要解释各部分的作用或者含义。

4. 在网页中由于有些特殊符号不能直接显示,因此要使用替换字符。如果不使用替换字符,用全角字符能够直接显示这些特殊字符吗?

5. 用 ＜body＞ 标记制作一个背景为红色的网页。

第 3 章　初识 Dreamweaver CS5

在网络普及的现代,优秀的网页是一个很好的展现自我的平台。目前市面上的网页设计工具种类繁多,但大部分都不能满足网页设计人员的需求。有些设计工具功能不全面或者使用不方便,有些设计工具虽然支持可视化操作,但并不完善,编程语言能力较弱的用户使用起来并不是特别理想。通过人们长期的使用、对比和筛选,Dreamweaver 因同时具备了强大的网页设计功能和编程能力,从众多的网页设计工具中脱颖而出,受到了广大网页设计人员及爱好者的一致好评。

本章着重对 Dreamweaver CS5 新增功能、安装与卸载过程及其工作环境进行阐述,引导读者熟悉 Dreamweaver CS5 的文档窗口、面板和"属性"检查器,并快速掌握 Dreamweaver CS5 的基本操作。

3.1　Dreamweaver CS5 简介

Dreamweaver、Flash 以及 Firework 最早是由 Macromedia 公司推出的一套网页设计软件。2005 年,Macromedia 公司被 Adobe 公司收购,Dreamweaver,Flash 以及 Firework 组成有名的"网页三剑客",并成为 Adobe 软件家族的主要成员。现在,Adobe 公司已经推出了 Creative Suite 5 创意设计套件,Dreamweaver也随之升级到了 CS5 版本,成为网页创意组件中最重要的一员。

Dreamweaver CS5 是一款专业的 HTML 编辑器,可对 Web 站点、Web页面和 Web 应用程序进行设计、编码和开发。Dreamweaver CS5 提供了更多功能强大的可视化设计工具、精简高效的应用开发环境及代码编辑支持,使设计师和开发人员能够创建便捷规范的代码应用程序,设计并开发代码简洁、专业规范的站点。

Dreamweaver CS5 具有可视化编辑功能,在通常情况下,用户可以不需要编写任何代码,直接在可视化环境中调整各种元素,快速地创建页面。

在查看站点元素和资源时,可以直接将它们拖到文档中加以利用,也可以直接将在 Photoshop、Firework 或者其他图形应用程序中创建和编辑的图像,以及在 Flash 中创建的动画导入 Dreamweaver CS5 中,使整个工作流程得到前所未有的优化和整合。当然,也能够可视化地进行基于 ColdFusion,ASP,JSP,PHP 服务器技术的动态网站的创建。由此可见,Dreamweaver CS5 在网站创建过程中起着不可替代的作用,它能够作为设计师和程序员协作的桥梁,将创建网站的各项工作有机地整合到一起。

3.2　Dreamweaver CS5 的新特性

Dreamweaver CS5 是最优秀的可视化网页设计和网站管理工具之一,它将可视化布局工具、应用程序开发功能和代码编辑工具结合在一起,使各种层次的开发人员和设计人员都能够快速创建出所需规模的网站和 Web 应用程序。与 Dreamweaver 的早期版本相比,Dreamweaver CS5 新增了许多功能,这些新增的功能改善了软件的实用性,用户无论处于设计环境还是编码环境都可以方便地制作页面。

1. 集成 Adobe BrowserLab

图 3.1 所示为 Adobe BrowserLab 主页页面。

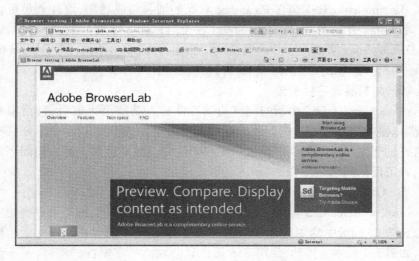

图 3.1　Adobe BrowserLab 主页页面

Dreamweaver CS5 集成了 Adobe BrowserLab(一种新的 CS Live 在线服务),该服务为跨浏览器兼容性测试提供快速准确的解决方案。通过 Adobe BrowserLab,可以使用多种查看和比较工具来预览 Web 页和本地内容。

2. Ajax 的 Spry 框架

Ajax 的 Spry 框架是一个面向 Web 设计人员的 JavaScript 库,用于构建向用户提供更丰富体验的网页。通过 Dreamweaver CS5 可以使用 Ajax 的 Spry 框架,进行动态用户界面的可视化设计、开发和部署。Spry 框架与 Ajax 其他框架不同,它可以同时为设计人员和开发人员所用,其 99% 都是 HTML。

3. Spry 构件及效果

Spry 构件是预置的常用用户界面组件,可以使用 CSS 自定义这些组件并将其添加到网页中。使用 Dreamweaver CS5 可以将多个 Spry 构件添加到自己的页面中,这些构件包括 XML 驱动的列表和表格、折叠构件、选项卡式界面和具有验证功能的表单元素。Spry 效果是一种提高网站外观吸引力的简洁方式,这种效果可应用于 HTML 页面上的所有元素,还可以通过添加 Spry 效果来放大、收缩、渐隐和高亮显示元素,在一段时间内以可视方式更改页面元素以及执行更多操作。

4. 高级 Photoshop CS5 集成

Dreamweaver CS5 包含 Photoshop CS5 的增强集成功能,设计人员可以在 Photoshop 中选择设计的任一部分(甚至可以跨多个层),将其直接粘贴到 Dreamweaver 页面中。如果需要编辑图像,只需双击图像,即可在 Photoshop 中打开原始的带图层 PSD 文件进行编辑。

5. 浏览器兼容性检查

Dreamweaver CS5 中新的浏览器兼容性检查功能可生成报告,指出各种浏览器中与 CSS 相关的问题。在代码视图中,这些问题以绿色下划线标记,有助于用户准确判断产生问题的代码位置。如果想要了解详细问题信息,则可以访问 Adobe CSS Advisor。

6. CSS 禁用/启用功能

Dreamweaver CS5 提供了 CSS 禁用/启用属性的功能,用户可以直接从 "CSS 样式"面板中禁用或者重新启用 CSS 属性,而不需要在代码中做出更改,如图 3.2 所示。当然,禁用 CSS 属性只会取消指定属性的注释,并不会删除该属性。

图 3.2　禁用/启用 CSS 属性功能

7. Adobe CSS Advisor

Adobe CSS Advisor 网站包含有关 CSS 问题的信息,在浏览器兼容性检查过程中可通过 Dreamweaver 用户界面直接访问该网站。CSS Advisor 使用户可以方便地为现有内容提出建议和改进意见,或者添加新的问题以使整个社区都能从中受益。Dreamweaver CS5 能用可视化方式详细显示 CSS框模型属性,如填充、边框和边距等,无需读取代码,也不需要独立的第三方实用程序。要使用该功能,只需在"实时视图"模式中打开文档,然后单击"检查"按钮即可,如图 3.3 所示。

8. CSS 布局

Dreamweaver CS5 提供了一组预先设计的 CSS 布局,以帮助用户快速设计页面并运行。在代码中还提供了丰富的内联注释,以帮助用户了解CSS 页面布局。Web 上的大多数站点设计可以被归类为一列、两列或三列式布局,并且每种布局都包含许多附加元素(如标题和脚注)。Dreamweaver CS5 提供了一个包含基本布局设计的综合性列表,用户可通过自定义这些设计满足自己的需要。同时,Dreamweaver CS5 提供了更新和简化的 CSS 起始布局的功能,用户可以更方便地使用如图 3.4 所示的

"新建文档"对话框中的 CSS 布局选项来创建页面。

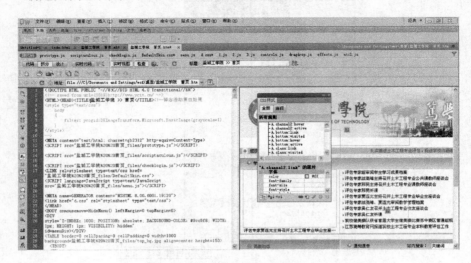

图 3.3　启用 CSS 检查功能

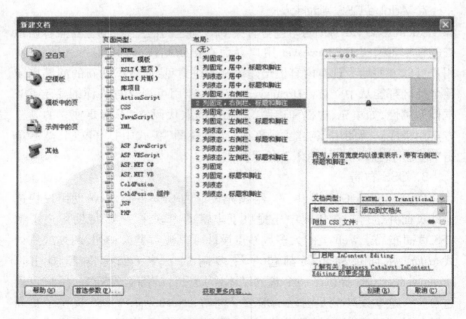

图 3.4　"新建文档"对话框中的 CSS 布局选项

9. 管理 CSS

借助管理 CSS 功能,用户可以轻松地在文档之间、文档标题与外部表之间、外部 CSS 文件之间以及更多位置之间移动 CSS 规则,还可以将内联 CSS 转换为 CSS 规则,并且只需通过拖放操作即可将它们放置在所需位置。

10. 增强的实时视图功能

Dreamweaver CS5 在实时视图模式下将激活实时视图中的链接,如图 3.5 所示,可以利用这些链接与服务器端应用程序及动态数据交互,还可以输入 URL 来检查通过实时 Web 服务器处理的页面。

图 3.5 实时视图下激活链接功能

11. 站点设置功能更加简化

与早期版本相比,Dreamweaver CS5 对"站点设置对象"窗口进行了功能归类,可以更简便地创建和设置本地 Dreamweaver 站点。Dreamweaver CS5 的"站点设置对象"窗口总体分成 4 个部分:站点、服务器、版本控制和高级设置。对于普通用户而言,只需要配置"站点"和"服务器"即可,而"版本控制"和"高级设置"使用较少,只有大型项目开发可能会用到这两个选项。"站点设置对象"窗口界面如图 3.6 所示。

站点名称:输入网站的名称。网站名称显示在"站点面板"中的站点下拉面板中,不会在浏览器中显示,因此可以自由设置任意名称。

本地站点文件夹：用来指向站点所在的文件夹。在文本框中输入网站的路径和文件夹名，或者单击右边的文件夹图标，选择站点所在的文件夹。如果本地站点文件夹不存在，可以在"选择根文件夹"对话框中创建一个新的文件夹，并指定其为本地站点文件夹。

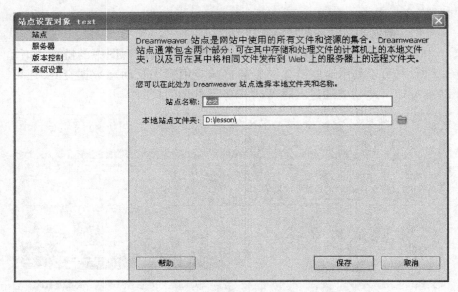

图 3.6　Dreamweaver CS5 的"站点设置对象"对话框

3.3　Dreamweaver CS5 的工作环境

Dreamweaver CS5 作为一款优秀的可视化网页制作工具，即便是那些既不懂 HTML，也没做过程序设计的用户，也能够轻松制作出精彩的网页。Dreamweaver CS5 继承了原版本的一贯风格，有方便编辑的窗口环境、易于辨别的工具列表，无论在使用过程中出现什么问题，都可以找到相应的帮助信息，十分适合初学者使用。

3.3.1　Dreamweaver CS5 的欢迎界面
Dreamweaver CS5 启动过程中的欢迎界面如图 3.7 所示。

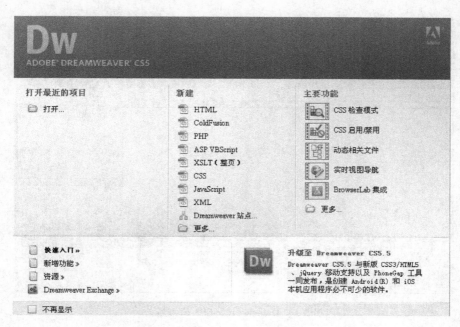

图 3.7　Dreamweaver CS5 的欢迎界面

在欢迎界面中,可以快速打开最近编辑并保存过的项目,可以新建各种类型的文档或者项目,也可以通过已有的模板创建文档,还可以获取软件的帮助信息。

如果在欢迎界面中选中"不再显示"复选项,可以隐藏欢迎界面,使下次启动 Dreamweaver CS5 时不再显示欢迎界面。如果要再次显示欢迎界面,只需在 Dreamweaver CS5 主界面中执行"编辑丨首选参数"菜单命令,然后在出现的"首选参数"对话框中选中"显示欢迎屏幕"选项即可。

3.3.2　Dreamweaver CS5 的界面布局

在 Dreamweaver CS5 中提供了众多功能强大的可视化工具、应用程序开发环境以及代码编辑的支持,使开发人员和设计师能够快速创建代码规范的程序,集成度极高,开发环境精简而高效。此外,开发人员还可运用 Dreamweaver CS5 与其服务器构建出功能强大的网络应用程序。

Dreamweaver CS5 的主界面如图 3.8 所示;Dreamweaver CS5 开发环境选择界面如图 3.9 所示。

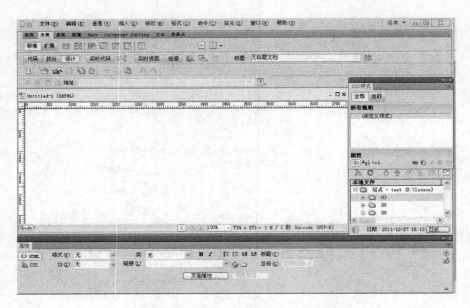

图 3.8　Dreamweaver CS5 的主界面

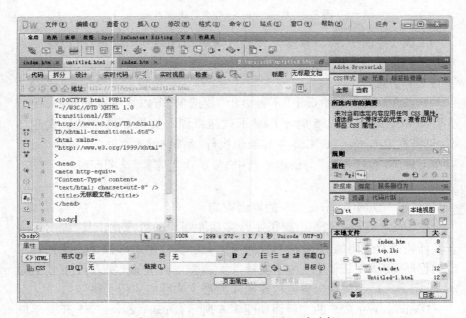

图 3.9　Dreamweaver CS5 开发环境选择

Dreamweaver CS5 的主界面允许用户在文档窗口中显示代码视图编辑区域或显示设计视图编辑区，也可以同时显示代码视图编辑区和设计视图编辑区。用户可以在 Dreamweaver CS5 的文档工具栏中，分别单击"拆分"按钮、"代码"按钮和"设计"按钮，选择需要的开发环境。

1. 工作区切换器

工作区切换器用于从如图 3.10 所示的菜单中选择最合适的工作方式，不同工作方式的面板布局会有所不同。比如，对于主要用代码来制作网页的用户，可以选择"编码人员（高级）"选项，切换到如图 3.11 所示的用户界面。

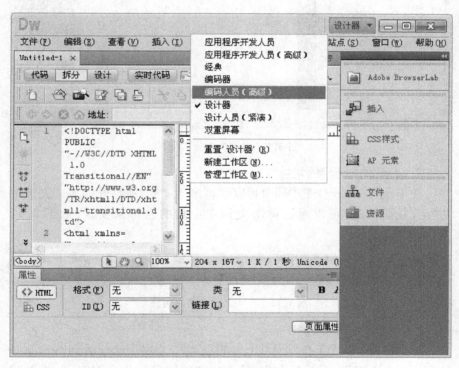

图 3.10　工作区切换菜单

图 3.11 "编码人员"界面

2. 不同文档之间的切换

在 Dreamweaver CS5 中同时可以编辑多个文档,在打开的多个文档中进行互相切换时,可以通过单击文档左上角的名称来实现,如图 3.12 所示。

图 3.12 多个文档之间的切换

3. 标题栏

标题栏位于整个工作界面最上方的左上角,主要用来标示 Dreamweaver CS5"设计器"按钮,以及最大化、最小化和关闭窗口 3 个按钮,如图 3.13 所示。

图 3.13 Dreamweaver CS5 标题栏

如果用户想修改文档标题,则选择"修改|页面属性"菜单项,即可打开"页面属性"对话框,在"标题/编码"选项下修改文档的标题,如图3.14所示;也可以直接在工具栏的"标题"文本框中修改文档的标题,如图3.15所示。

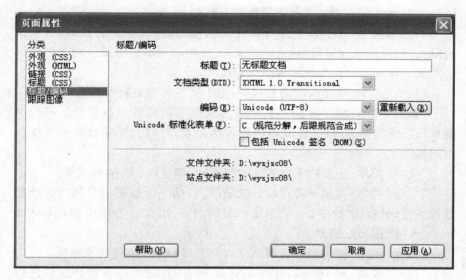

图 3.14　"页面属性"对话框

图 3.15　"标题"文本框

4. 菜单栏

在 Dreamweaver CS5 中共有"文件"、"编辑"、"查看"、"插入"、"修改"、"文本"、"命令"、"站点"、"窗口"和"帮助"10 个主菜单,这些菜单几乎提供了 Dreamweaver CS5 中的所有操作选项,如图 3.16 所示。熟悉并掌握这 10 个主菜单的基本用途,对于熟练掌握 Dreamweaver CS5 软件的操作大有帮助。

Dw　文件(F)　编辑(E)　查看(V)　插入(I)　修改(M)　格式(O)　命令(C)　站点(S)　窗口(W)　帮助(H)

图 3.16　菜单栏

"文件"菜单:主要用于文件管理,不仅包含一般"文件"菜单的标准功能选项,如新建、打开、保存等,还包含一些其他的功能。"文件"菜单用于对当前文档执行相应的操作,如发布设置、发布预览等。

"编辑"菜单:用于对选定区域进行操作,包含"编辑"菜单的标准功能选项,如复制、粘贴、查找替换等功能。在"编辑"菜单中还提供了对 Dreamweaver CS5 菜单中"首选参数"的访问。

"查看"菜单:用于设置并观察各文档视图信息,如设定显示比例、预览模式,是否显示或编辑网格、辅助线等,还可以显示和隐藏不同类型的页面元素、Dreamweaver CS5 工具以及工具栏。

"插入"菜单:是插入栏的替代项,用于将各种对象插入文档。

"修改"菜单:用于对选定文档内容或某项的属性进行更改。利用该菜单可以编辑标签属性、更改表格和表格元素,并且为库项目和模板执行不同操作。

"文本"菜单:主要用于设置文本的格式,如字体、大小、样式等。

"命令"菜单:提供对各种命令的访问,包括一个根据用户格式首选参数设置代码格式的命令、一个创建相册的命令,以及一个使用 Macromedia Fireworks 优化图像的命令。

"站点"菜单:提供用户管理站点以及上传和下载文件的菜单项。

"窗口"菜单:对 Dreamweaver CS5 中所有的面板、检查器和窗口进行访问。

"帮助"菜单:提供对 Dreamweaver CS5 文档的访问帮助,包括关于使用 Dreamweaver CS5,以及创建 Dreamweaver CS5 扩展功能的帮助系统。另外,还包括各种语言的参考资料。

此外,Dreamweaver CS5 还提供多种上下文菜单,以便用户方便地访问与当前选择区域有关的命令。在 Dreamweaver CS5 窗口的某处右击,即可显示上下文菜单。

5. 工具栏

工具栏中包含一些常用的快捷操作,以方便用户快速地实现对文档内容的常用操作。Dreamweaver CS5 的工具栏包括 5 个部分:文档工具栏、标准工具栏、插入栏、样式呈现工具栏以及编码工具栏。在默认情况下,Dreamweaver CS5 主窗口中只显示插入工具栏和文档工具栏。选择"查看|工具栏"菜单项,即可对其进行查看,编码工具栏只有在"代码"视图中才可以看到。

（1）文档工具栏

在 Dreamweaver CS5 中,使用工具栏中的"代码"按钮 代码 、"设计"按钮 设计 以及"拆分"按钮 拆分 可以切换到不同的文档视图。工具栏中还包含许多常用的命令按钮,单击相应的命令按钮,可以查看选择的内容和文档状态等,还可以随意拖动文档工具栏,如图 3.17 所示。

图 3.17　文档工具栏

文档工具栏主要的作用是用户不必使用菜单命令,仅通过快捷菜单按钮即可方便地控制文档的视图显示。文档工具栏的具体功能介绍如下。

- "代码"按钮 代码 :切换当前的窗口为代码视图。
- "拆分"按钮 拆分 :切换当前的窗口为代码和设计视图。
- "设计"按钮 设计 :切换当前的窗口为设计视图。
- "实时代码"按钮 实时代码 :在代码视图中显示实时视图源,单击"实时代码"按钮时也可同时选择"实时视图"按钮。
- "检查浏览器兼容性"按钮 :用于检查用户的 CSS 是否对于各种浏览器均兼容。
- "实时视图"按钮 实时视图 :将设计视图切换到实时视图。
- "检查"按钮 检查 :打开实时视图和检查模式。
- "在浏览器中预览/调试"按钮 :允许在浏览器中预览或调试文档,从弹出的菜单中选择一个浏览器。
- "可视化助理"按钮 :使用户可以用各种可视化助理来设计页面。
- "刷新设计视图"按钮 :在"代码"视图中对文档进行更改后刷新文档的"设计"视图。在执行某些操作(如保存文件或单击该按钮)之后,在"代码"视图中所做更改将自动显示在"设计"视图中。
- "标题"文本框:在标题后面的文本框中输入所设计文档的名称,按下【Enter】键或单击文本框以外的地方,所设置的标题就会显示在标题栏中。
- "文件管理"按钮 :显示"文件管理"弹出菜单。

（2）标准工具栏

右击文档工具栏,在弹出的快捷菜单中选择"标准"选项,即可在文档工具栏中弹出一组工具栏,即标准工具栏,如图3.18所示。

图3.18　标准工具栏

标准工具栏中各个按钮介绍如下:新建页面 ■、打开已经建立的页面 ■、在 bridge 中预览 ■、保存页面 ■、保存全部页面 ■、打印代码 ■、剪切所选内容 ■、复制所选内容 ■、粘贴复制的内容 ■、撤消上一步操作 ■、重做上一步操作 ■ 。

（3）插入栏

插入栏中包含一些用于将图像、表格和 AP 元素等各种类型的对象插入文档的按钮。每个对象都是一段 HTML 代码,允许用户在插入时设置不同的属性,如图3.19所示。这些按钮被组织到若干类别中,可以单击"插入"栏顶部的选项卡进行切换。

图3.19　插入栏

当前文档包含服务器代码时,还会显示其他类别。当启动 Dreamweaver CS5 时,系统将会打开上次使用的类别。

在插入栏中主要按如下所列的类别进行组织。

● 常用类别:用于创建和插入最常用的对象,如图像和表格。

● 布局类别:用于插入表格、< div > 标签、框架和 Spry 构件,还可以选择标准(默认)表格视图和扩展表格视图。

● 表单类别:包含一些按钮,用于创建表单和插入表单元素(包括 Spry 验证构件)。

● 数据类别:可以插入 Spry 数据对象和其他动态元素,如记录集、重复区域以及插入记录表单和更新记录表单。

● Spry 类别:包含一些用于构建 Spry 页面的按钮,包括 Spry 数据对象和构件。

● InContext Editing 类别：用于生成 InContext 编辑页面，包括用于可编辑区域、重复区域和管理 CSS 类的功能按钮。

● 文本：用于插入各种文本格式和列表格式的标签，如粗体、斜体和加强等。

● 收藏夹类别：用于将插入栏中最常用的按钮分组或组织到某一公共位置。

● 服务器代码类别：仅适用于使用特定服务器语言的页面，这些服务器语言包括 ASP，ASP. NET，CFML Basic，CFML Flow，CFML Advanced，JSP 和 PHP 等，这些类别中的每一个都提供了服务器代码对象，可以将这些对象插入"代码"视图中。

（4）样式呈现工具栏

在样式呈现工具栏（默认为隐藏状态）中，如果使用了依赖于媒体的样式表，则可以使用这些按钮查看设计在不同媒体类型中的呈现效果。它还包含一个允许启用或禁用层叠式样式表（CSS）样式的按钮，如图 3.20 所示。

图 3.20 样式呈现工具栏

（5）编码工具栏

编码工具栏仅在"代码"视图中显示，其中包括可用于执行多项标准编码操作的按钮，如折叠和展开所选代码、高亮显示无效代码、应用和删除注释、缩进代码、插入最近使用过的代码片断等。编码工具栏垂直显示在"文档"窗口的左侧，如图 3.21 所示。

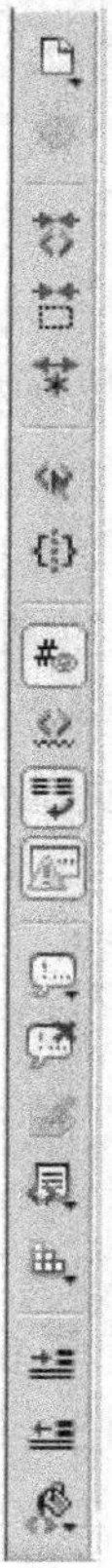

3.3.3　Dreamweaver CS5 的主要面板

在 Dreamweaver CS5 中，虽然各个面板在工作界面中已经有了相对固定的位置，但也可以根据需要用鼠标进行拖动，并且可以随时调用或隐藏面板。Dreamweaver CS5 的软件界面扩展设计使设计者不再受制于屏幕大小，无须浏览器即可清

图 3.21　编码工具栏

楚地查看主页的整体页面效果。

1．"属性"面板

在 Dreamweaver CS5 的主窗口中,属性面板是一个比较常用的面板,在程序启动时会默认显示在文档编辑区域的下方,用户可根据需要随时对其隐藏或调用。

例如,通过在主菜单"窗口"的下拉菜单中取消"属性"选项的选择来关闭已打开的属性面板,选择之后文档窗口区域将不再显示该面板;也可以单击属性面板左边的三角箭头,将其显示或隐藏,如图 3.22 所示。

图 3.22 "属性"面板

"属性"面板并不是将所有对象的属性都加载到面板上,而是根据用户选择的对象,动态显示对象的属性。在制作网页时可以根据需要打开、关闭"属性"面板,或通过拖动"属性"面板的标题栏将其移动至合适位置,使操作更方便,从而提高网页的制作效率。

"属性"面板随着选择对象的不同而改变。在使用 Dreamweaver CS5 时应注意,"属性"面板的状态完全是由当前文档中的选择对象来决定的。例如,当前选中一幅图像,则在"属性"面板中将出现该图像的相应属性;如果选择了表格,这时"属性"面板将会相应变化为表格的属性。

2．"文件"面板

使用"文件"面板可查看和管理 Dreamweaver站点中的文件,如图 3.23 所示。在"文件"面板中查看站点、文件或

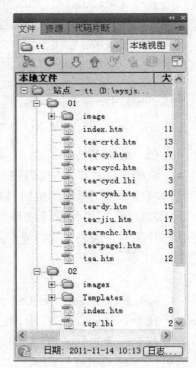

图 3.23 "文件"面板

文件夹时,可以更改查看区域的大小,也可以展开或折叠"文件"面板。当"文件"面板折叠时,将以文件列表形式显示本地站点、远程站点或测试服务器的内容;当"文件"面板展开时,将显示本地站点和远程站点,或者显示本地站点和测试服务器。"文件"面板还可以显示本地站点的视觉站点地图。

对于 Dreamweaver 站点,还可以通过更改折叠面板中默认显示的视图(本地站点视图或远程站点),对"文件"面板进行自定义。

3. "CSS 样式"面板

使用"CSS 样式"面板可以跟踪影响当前所选页面元素的 CSS 规则和属性("当前"模式),或影响整个文档的规则和属性("所有"模式),使用"CSS 样式"面板顶部的切换按钮可以在两种模式之间切换。使用"CSS 样式"面板还可以在"所有"和"当前"模式下修改 CSS 属性。"CSS 样式"面板如图 3.24 所示。在"CSS 样式"面板中可以通过拖动窗格之间的边框来调整任一窗格的大小。

图 3.24 "CSS 样式"面板

在"当前"模式下,"CSS 样式"面板显示 3 个窗格:"所选内容的摘要"窗格显示文档中当前所选内容的 CSS 属性;"规则"窗格显示所选属性的位置(或所选标签的一组层叠的规则);"属性"窗格允许编辑定义所选内容规则的 CSS 属性。

在"所有"模式下,"CSS 样式"面板显示两个窗格:"所有规则"窗格(顶部)显示当前文档中定义的规则,以及附加到当前文档样式表中定义的所有规则列表;"属性"窗格(底部)可用于编辑"所有规则"窗格中任何所选规则的 CSS 属性。对"属性"窗格所做的任何更改都将立即应用,这使用户可以在操作的同时预览效果。

4. 面板组

面板组是一组停靠在某个标题下面相关面板的集合。使用"窗口"菜单中的选项,可以显示或隐藏各种面板,如资源面板、行为面板、CSS 样式面板、框架面板、层面板等。

在 Dreamweaver CS5 的面板组中选定的面板将显示为一个选项卡。每个面板组都可以展开或折叠,并且可以和其他面板组停靠在一起或取消停靠。此外,面板组还可以停靠到集成的应用程序窗口中,如图 3.25 所示,这使得用户能够很容易地访问所需的面板,而不会使工作区变得混乱。

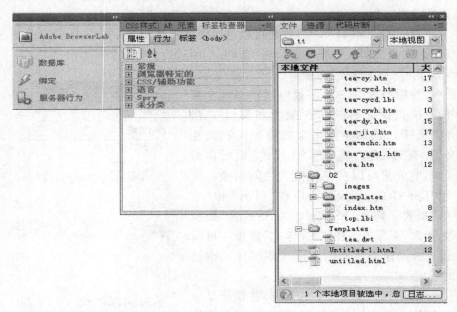

图 3.25　面板组

当一个面板组处于浮动(取消停靠)状态时,面板组顶部将会显示一个窄的空白条。在 Dreamweaver CS5 的文档中,"面板组的标题栏"是指面板组名称出现的区域,而不是这个窄的空白条。当列表框处于关闭状态时,将不显示面板控制列表框,仅在屏幕右侧边缘位置有一个"箭头"标记,提示用户可以单击这个箭头打开弹出式面板控制列表框,如图 3.26 所示。

当弹出式控制面板列表框被暂时关闭,文档编辑窗口的有效面积增大时,设计者的视野也随之开阔了。这种灵活的面板使用方式比较合理,设计者可以更自由地发挥想象力,从而实现自己的设计构想。

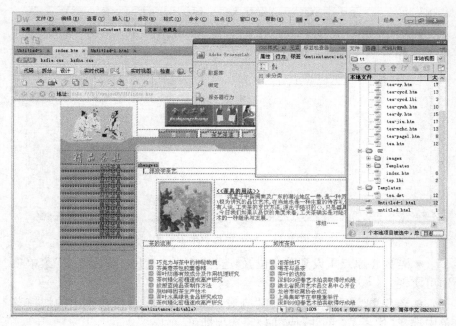

图 3.26　打开弹出式面板列表框

3.3.4　Dreamweaver CS5 的文档窗口

Dreamweaver CS5 中的所有操作都是在文档窗口中完成的,也就是说,文档窗口对于网站的设计制作有着举足轻重的作用。因此,在学习 Dream-weaver CS5 的初级阶段,了解并掌握文档窗口的相关知识,对于以后快速熟练地制作出精美的网站至关重要。在 Dreamweaver CS5 中使用标尺、网格和辅助线,可以精确地定位各个对象,以便对其进行绘制和查看。

1. 标尺

在 Dreamweaver CS5 中,标尺可帮助测量、组织和规划布局。标尺可以显示在页面的左边框(垂直标尺)和上边框(水平标尺)中,以像素、英寸或厘米为单位进行标记,如图 3.27 所示。

● 若要在标尺的显示和隐藏状态之间切换,选择"查看|标尺|显示"菜单项即可实现。

● 若要更改原点,将标尺原点图标(在"文档"窗口的"设计"视图左上角)拖到页面上的任意位置即可。

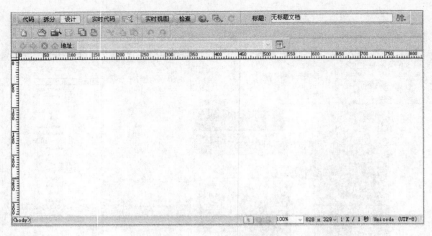

图 3.27　水平标尺和垂直标尺

● 若要将原点重设到默认位置,选择"查看│标尺│重设原点"菜单项即可实现。

● 若要更改度量单位,选择"查看│标尺"菜单项,再在弹出的快捷菜单中选择"像素"、"英寸"或"厘米"选项即可。

2. 网格

网格在"文档"窗口中显示为一系列的水平线和垂直线,它对于精确地放置对象十分重要,如图 3.28 所示。

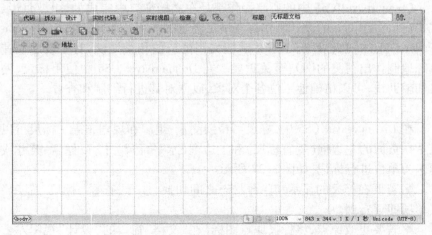

图 3.28　Dreamweaver CS5 窗口中的网格

一般地，可以让经过绝对定位的页面元素在移动时自动靠齐网格，或通过指定网格设置更改网格或控制靠齐行为。无论网格是否可见，都可以使用"靠齐"设置。

如果要想显示或隐藏网格，可以通过选择"查看│网格│显示网格"菜单项来实现。如果想要禁用或启用靠齐，可以通过选择"查看│网格│靠齐到网格"菜单项来实现。

更改网格设置的具体操作步骤如下：

① 选择"查看│网格设置"菜单项，打开"网格设置"对话框，如图 3.29 所示。

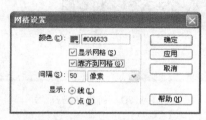

图 3.29 "网格设置"对话框

② 在打开的"网格设置"对话框中设置颜色、显示网格、靠齐到网格、间隔、显示等选项。

● 颜色：指定网格线的颜色，可通过单击色样表并从颜色选择器中选择一种颜色，或者在文本框中输入一个十六进制数设置。

● 显示网格：使网格在"设计"视图中可见。

● 靠齐到网格：使页面元素靠齐到网格线。

● 间隔：控制网格线的间隔。输入一个数字并从菜单中选择"像素"、"英寸"或"厘米"。

● 显示：指定网格线是显示为线条还是显示为点。

③ 设置完毕后单击"确定"按钮，完成对网格的设置。

3. 辅助线

不同的对象之间可以使用辅助线作为对齐的标准。用户可以通过不同的方法来控制辅助线，从而达到将对象进行方便排列的目的。

（1）创建辅助线

要使用辅助线，首先需要确保标尺处于显示状态，然后将鼠标移动至标尺上，按下鼠标左键进行拖动，即可创建出一条水平或垂直辅助线到"设置视图"中,如图 3.30 所示。

图 3.30　创建辅助线

（2）显示或隐藏辅助线

选择"查看｜辅助线｜显示辅助线"菜单项或按下【Ctrl】+【 + 】组合键,即可显示或隐藏辅助线。

（3）移动/删除/清除辅助线

● 移动:使用"选取"工具 单击标尺上的任意处,将辅助线拖动到舞台上需要的位置,即可实现辅助线的移动。

● 删除:要删除辅助线,只需使用"选取"工具将辅助线拖动到水平或垂直标尺上即可。

● 清除:选择"查看｜辅助线｜显示辅助线"菜单项,即可清除辅助线。在文档编辑模式下清除的是文档中的所有辅助线,在元件编辑模式下则只清除元件中使用的辅助线。

（4）锁定辅助线

如果不想使辅助线再移动,选择"视图｜辅助线｜锁定辅助线"菜单项或按下【Ctrl】+【Alt】+【L】组合键,即可实现辅助线的锁定。

（5）设置辅助线首选参数

选择"查看｜辅助线｜编辑辅助线"菜单项或按下【Shift】+【Ctrl】+【Alt】+【G】组合键,即可打开"辅助线"对话框对辅助线的各项参数进行设置,如图 3.31 所示。

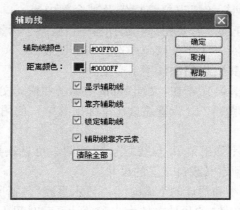

图 3.31 "辅助线"对话框

● "颜色 "选项:用来设置辅助线的颜色。单击颜色框中的三角形从调色板中选择辅助线颜色,默认的辅助线颜色为绿色。

● "显示辅助线"复选框:用来选择是否显示辅助线。

● "靠齐辅助线"复选框:用来设置是否贴紧到辅助线。

● "锁定辅助线"复选框:用来设置是否将辅助线锁定。

● "辅助线靠齐元素"复选框:用来设置辅助线是否靠齐元素。

单击"清除全部"按钮 清除全部 ,可以删除当前场景中的所有辅助线,最后单击"确定"按钮 确定 ,即可完成对辅助线首选参数的设置。

4. 状态栏

网页浏览器的状态栏位于浏览器的下方,可以通过浏览器菜单栏上的"查看|状态栏"菜单项将其打开或关闭。网页的状态栏顾名思义就是显示网页的下载进度等网页状态信息的位置。在"文档"窗口底部的状态栏中提供了与创建文档有关的其他信息,如图 3.32 所示。

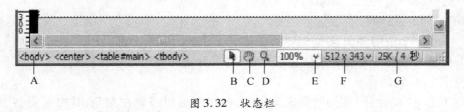

图 3.32 状态栏

● A(标签选择器):显示环绕当前选定内容标签的层次结构。单击该层次结构中的任何标签以选择该标签及其全部内容。单击 < body > 可以选择文档的整个正文。若要在标签选择器中设置某个标签的 class 或 id 属性,可右击该标签并从上下文菜单中选择一个类或 ID。

● B(选取工具):启用和禁用手形工具。

● C(手形工具):用于在"文档"窗口中单击并拖动文档。

● D(缩放工具)和 E(设置缩放比率弹出菜单):使用户可以为文档设置缩放比率。

● F(窗口大小弹出菜单,仅在"设计"视图中可见):用于将"文档"窗口的大小调整到预定义或自定义的尺寸。

● G(文档大小和估计的下载时间):显示页面(包括所有相关文件,如图像和其他媒体文件)的预计文档大小和预计下载时间。

利用 Dreamweaver CS5 的行为功能可产生相关的 JavaScript 代码,再利用 JavaScript 动态产生状态栏的文字信息。在状态栏上用户可以给自己的网站做广告,也可以放置其他的宣传信息。

3.4　Dreamweaver CS5 的基本操作

用 Dreamweaver CS5 软件可以快速并轻松地完成设计、开发、维护网站和 Web 应用程序的全过程。因此,了解并熟练掌握 Dreamweaver CS5 的一些常用操作,有助于利用 Dreamweaver CS5 成功进行网站开发。

3.4.1　自定义工作区

在 Windows 操作系统中,使用 Dreamweaver CS5 可以随时切换到不同的工作区。

选择"窗口│工作区布局"菜单项,打开"工作区布局"对话框,在其中可选择不同的工作区布局。

1. 设计器

一个使用 MDI 多文档界面的集成工作区,其中,全部"文档"窗口和面板被集成在一个更大的应用程序窗口中,并将面板组停靠在右侧。

2. 编码器

与"设计器"相同的集成工作区,但将面板组停靠在左侧,其布局类似于 Adobe HomeSite 和 ColdFusion,而且"文档"窗口在默认情况下显示"代码"视图;也可以将面板组停靠在任意布局中工作区的任意一端。

3. 双重屏幕

如果有一个辅助显示器,则可用来组织布局。该布局将所有面板都放置在辅助显示器上,而将"文档"窗口和"属性"检查器保留在主显示器上。

3.4.2 Dreamweaver CS5 参数设置

通常在对网页文件进行编辑前,需要先设置相关参数。不同用户可以根据自己的操作习惯,对 Dreamweaver CS5 的工作环境进行简单的定制。

在 Dreamweaver CS5 程序主窗口中,选择"编辑|首选参数"菜单项或按下【Ctrl】+【U】组合键,打开"首选参数"对话框,如图 3.33 所示。

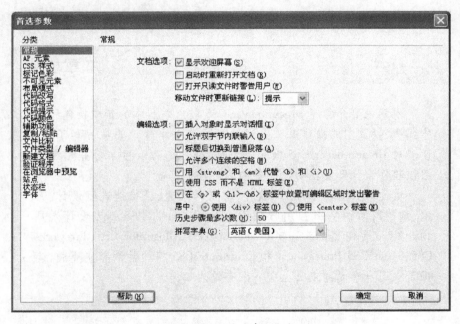

图 3.33　设置"首选参数"对话框

用户可以根据自己的喜好,在其中对常规、AP 元素、CSS 样式、标记色彩、不可见元素、布局模式、代码提示、新建文档和站点等 20 个参数选项进行设置。

3.4.3 获得帮助

在 Dreamweaver CS5 的"帮助"面板中,包含了 Dreamweaver CS5 所提供的完整用户帮助信息,用户可以通过"帮助"面板,方便、快捷地获得 Dreamweaver CS5 中工具、主题等的相关信息。

在 Dreamweaver CS5 程序主窗口中,选择"帮助│Dreamweaver 帮助"菜单项,即可打开"帮助"面板。

在 Dreamweaver CS5 的"帮助"面板中,单击目录中的标题则可查看帮助主题,在主题的上方可以看到该主题在主题层次结构中的相对位置。如果要搜索某个主题,只需在"帮助"面板左上角的文本框中输入相关主题即可。

本章小结

本章主要介绍了 Dreamweaver CS5 较以前版本的新增特色和工作环境,以及它的操作基础。通过对这些基本知识的学习和了解,读者对 Dreamweaver CS5 有了一个初步认识,为以后学习并熟练运用该软件设计开发出功能完备的网站打下基础。

借助 Dreamweaver CS5 软件,用户可快速、轻松地进行设计、开发、维护网站和 Web 应用程序等。Dreamweaver CS5 是为设计人员和开发人员构建的,它与 Photoshop CS5,Illustrator CS5,Fireworks CS5,Flash CS5 Professional 和 Contribute CS5 等软件的智能集成,确保了在用户喜爱的工具上有一个有效的工作流。

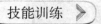技能训练

[实例3.1]

实例说明:打造个性化的工作区布局。

实例分析:本例将以隐藏开始页、设置文档窗口大小及隐藏面板组为例介绍自定义 Dreamweaver CS5 工作区布局的方法。

操作步骤:

(1) 隐藏开始页

① 启动 Dreamweaver CS5,在开始页左下角勾选"不再显示"复选框,如实例图 3.1 所示。

实例图 3.1　隐藏开始页

② 在打开的提示对话框中单击"确定"按钮,如实例图 3.2 所示(此设置在下次启动程序或者关闭所有打开的文档窗口后才见效)。

实例图 3.2　"确定"对话框

(2) 设置窗口大小

① 在欢迎屏幕中单击"新建"栏中的"HTML"按钮,创建一个新 HTML 文档,如实例图 3.3 所示。

实例图 3.3　创建新的 HTML 文档

　　② 在新文档窗口的状态栏中单击"窗口大小"按钮,在弹出的菜单中选择"编辑大小"选项,打开"首选参数"对话框,添加一项新尺寸"800 ＊ 600(1024 ＊ 768,最大值)",单击"确定"按钮。

　　③ 单击文档窗口右上角的"还原"按钮,取消窗口最大化状态。

　　④ 单击"窗口大小"按钮,在弹出的菜单中选择"800 ＊ 600(1024 ＊ 768,最大值)",应用此尺寸。

　　(3) 折叠面板组

　　单击面板组顶部右上角的"折叠为图标"按钮,此时 Dreamweaver CS5 应用程序窗口如实例图 3.4 所示。

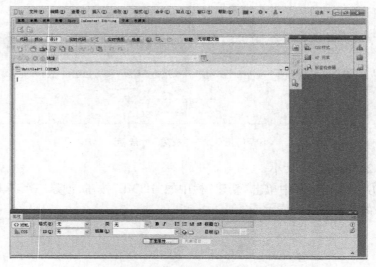

实例图 3.4　"折叠面板组"窗口

（4）恢复工作区布局

选择"窗口｜工作区布局｜设计器"菜单项,恢复到设计器工作区布局中。

[实例3.2]

实例说明:制作一个简单网页。

实例分析:通过制作一个简单的网页,了解在 Dreamweaver CS5 中创建网页的一般过程,可以直接用 Dreamweaver CS5 创建网页,也可以打开已经保存在磁盘上的网页进行编辑。

操作步骤:

（1）创建静态网页

选择"文件｜新建"菜单项,弹出"新建文档"对话框,如实例图 3.5 所示。选中"空白页"下的"HTML"选项,单击"创建"按钮,即可在文档窗口创建一个空白网页。

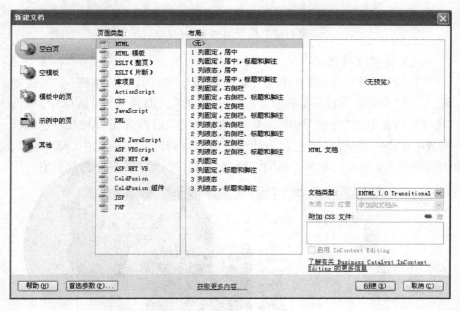

实例图3.5 "新建文档"窗口

（2）保存并命名新文档

选择"文件｜另存为"菜单项,在弹出的"另存为"对话框的"保存在"下拉框中选定保存文件的文件夹,在"文件名"框中输入"index",如实例图

3.6 所示。

实例图 3.6 "另存为"对话框

（3）设置网页属性

① 设置"外观"参数。单击"属性"面板中"页面属性"按钮（如果被隐藏,执行"窗口|属性"菜单命令）,在弹出的"页面属性"对话框中,单击"分类"列表中的"外观"选项。单击"文本颜色"后的按钮 ，在颜色选择面板中单击一种颜色（蓝色）,该颜色值将填写到"文本颜色"中（#3300cc）,如实例图 3.7 所示。如果要删除该颜色,可直接删除文本框中的颜色值。

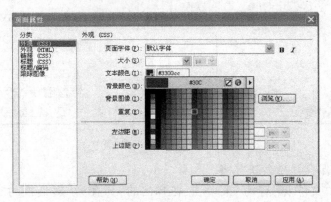

实例图 3.7 "页面属性"对话框

单击"背景图像"后的"浏览"按钮 浏览(W)... ，弹出"选择图像源文件"对话框，在"查找范围"列表框中选择保存图像的文件夹，单击背景图像名，如实例图 3.8 所示，单击"确定"按钮 确定 。

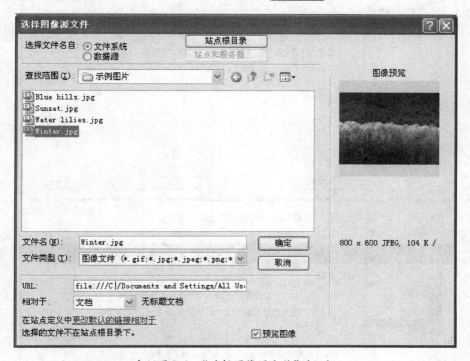

实例图 3.8　"选择图像源文件"对话框

再次返回"页面属性"对话框，这时选定图像的相对路径被填写到该文本框中，最后单击"应用"按钮。

② 设置"链接"参数。在"页面属性"对话框中，单击"分类"列表中的"链接"选项，在"链接颜色"和"已访问链接"中分别选定绿色（#00FF66），如实例图 3.9 所示。

③ 设置"标题/编码"参数。在"页面属性"对话框中，单击"分类"列表中的"标题/编码"选项，在"标题"文本框中输入"欢迎来到网页设计与制作网站"，如实例图 3.10 所示。

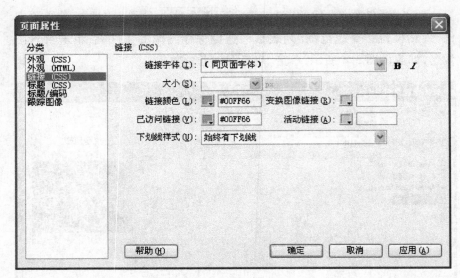

实例图 3.9　设置"链接"参数

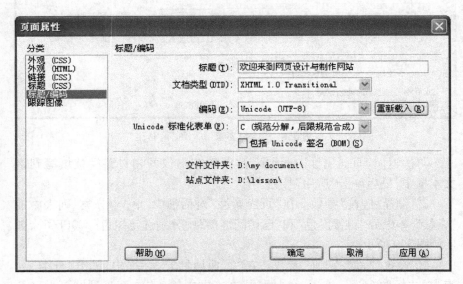

实例图 3.10　设置"标题/编码"参数

最后,单击"确定"按钮 [确定] 回到网页编辑窗口。

（4）编辑页面内容

① 输入和编辑文本。在文档窗口中输入"欢迎来到网页设计与制作网站"，选中要设置的文本，单击"属性"面板中"大小"右侧的下拉按钮 ，选择字体大小为 24，单击"居中"按钮 。在"设计"视图中，按【Enter】键产生段落标记 < p > …… </p >；按【Shift】+【Enter】键产生换行标签 < br/ >；连续按几次【Enter】键，把光标移到文档窗口中部位置。

② 插入图像。执行"插入｜图像"菜单命令，在弹出的"选择图像源文件"对话框中选择图像文件名，单击"确定"按钮。这时将出现"图像标签辅助功能属性"对话框，在"替换文本"框中输入"网页设计与制作"，若不输入可直接单击"确定"按钮。

思考与练习

1. Dreamweaver CS5 是一款什么样的软件？
2. Dreamweaver CS5 有哪几种工作区布局？
3. Dreamweaver CS5 的工作界面中主要包含哪些元素？
4. 如何调整文档窗口的大小？
5. Dreamweaver CS5 的文档窗口有哪几种视图方式？如何切换？
6. 根据自己的爱好自定义一种工作区布局。

第4章　创建网页对象

Dreamweaver CS5 提供了丰富的网页对象以及强大的网页设计功能，用户很容易就能运用网页对象进行网页设计。本章在定义一个站点的基础上制作一个网页，具体介绍网页制作的基本对象，包括文档的创建、文字、图片、超链接以及导航条等。

4.1　规划站点

在 Dreamweaver CS5 中，"站点"这个术语，既可以用于表示位于 Internet 服务器上的远端站点，也可以用于表示位于本地计算机上的本地站点。一般来说，应该首先在本地计算机上构建本地站点，创建合理的站点结构，使用合理的组织形式管理站点中的文档，并对站点进行必要的测试，在一切都准备好之后，将站点上传到 Internet 服务器上，供他人浏览。

4.1.1　规划站点结构

合理的站点结构，能够加快对站点的设计，提高工作效率，节省工作时间。如果将所有网页都存储在一个目录下，随着站点规模的扩大，管理起来就会很麻烦，一般来说，应该利用文件夹管理文档。在规划站点结构时，还应遵循一些规则。

1. 用文件夹保存文档

一般来说，应该用文件夹合理构建文档的结构。首先为站点创建一个根文件夹（根目录），然后在其中创建多个子文件夹，再将文档分门别类存储到相应的文件夹下，必要时，可以创建多级子文件夹。例如，可以在 About 文件夹中放置用于说明公司介绍的网页；可以在 Product 文件夹中放置关于公司产品介绍的网页。

2．使用合理的文件名称

使用合理的文件名称非常重要，特别是在网站的规模较大时。文件名应该容易理解，让人一看就能知道网页表述的大致内容。如果不考虑那些仍然使用不支持长文件名操作系统的用户，那么可以使用长文件名来命名文件，以充分表述文件的含义和内容；但如果用户中仍然有人使用不支持长文件名的操作系统，则应该尽量用短文件名命名文件。

虽然，中文文件名对于中国人来说，更清晰易懂，但还是应该避免使用，因为很多 Internet 服务器使用的是英文操作系统，不能对中文文件名提供很好的支持；浏览网站的用户也可能使用英文操作系统，中文的文件名可能导致浏览错误或者访问失误。如果实在对英文不熟悉，可以用汉语拼音作为文件名称。

很多 Internet 服务器采用 Unix 操作系统，它是区分文件名的大小写的。例如，Index. html 和 index. html 是完全不同的两个文件，可以同时出现在一个文件夹中。因此，建议在构建的站点中全部使用小写的文件名称。

3．合理分配文档中的资源

文档中不仅有文字，还可以包含其他任何类型的对象，如图像、声音、动画等，这些文档资源通常不能直接存储在 HTML 文档中，因此需要考虑它们的存放位置。一般来说，可以先在站点中创建一个 Resource（资源）文件夹，然后将相应的资源保存在该文件夹中。

存储资源的方式有两种：一种是整个站点共用一个 Resource 文件夹，所有的文档资源都保存在其中，当然在 Resource 文件夹中可以再建子文件夹，按照不同的文档或者不同的资源类型，分门别类对资源进行存储；另一种是在每个存储不同类型文档的文件夹中都创建一个 Resource 文件夹，然后在其中分门别类地存储资源。两种存储方式各有其便利之处，通常建议采用前一种方式，因为它可以从整体上对文档的资源进行保存控制，避免存储资源的浪费。

4．将本地站点和远端站点设置为同样的结构

为了便于维护和管理，远端站点的结构设计应该与本地站点相同。这样在本地站点文件夹和文件上的操作，都可以与远程站点上的文件夹和文件一一对应。操作完本地站点后，利用 Dreamweaver CS5 将本地站点上传到 Internet 服务器上，这样可以保证远端站点是本地站点的完整复制，避免发生错误。

4.1.2　规则浏览机制

一般站点都会包含多个网页,如何让用户知道这些网页的存在并访问它们,是网站创建者必须考虑的事情。如果用户不知道如何访问需要的网页,也就无法得到他们想要获得的信息,网站设置的目的也就没有达到。一般来说,应该在网站创建初期,规划站点的浏览机制,目的是提供清晰易懂的浏览方法,采用标准统一的网页组织形式,引导用户轻松自如地访问每一个他们想要访问的网页。

在规划站点的浏览机制时,一般可以考虑如下的方法:

(1)创建返回主页链接。即在站点的每个页面上,都放置返回主页的链接。我们可能都遇到过这样的事情,在浏览了多个页面之后,迷失了自己的方向,不知道如何返回到最初的地方,很多没有耐心的人会因此失去对当前环境的信任,转而浏览其他的网站。如果每个网页中都有返回主页的链接,就可以确保用户在不明确当前位置的情况下,快速返回到熟悉的环境中,继续浏览站点中的其他内容。返回主页的链接,能起到很强的挽留用户的作用。

(2)显示网站专题目录。即在主页或者任何一个页面上,提供站点的简明目录结构,引导用户从一个页面快速进入其他的页面。很多网站使用框架技术,在页面的顶端或者左端显示当前网站的专题目录,单击相应的链接,就可以从一个专题页面快速跳转到另一个专题页面。Dreamweaver CS5 的帮助系统实际上就是采用了框架技术,它在页面左方显示专题目录,用户只需单击相应的目录项,即可快速跳转到其他想要访问的网页。

(3)显示当前位置。每一个页面都要在显眼的地方标出当前网页在站点中的位置,或是显示当前网页说明的主题,以帮助用户了解他们到底在访问什么。如果页面嵌套过多,则可以通过创建"前进"和"后退"之类的链接帮助用户进行浏览。

(4)搜索和索引。对于一些数据型的网站,应该给用户提供搜索的功能或是索引检索的权力,使用户能够快速查找到自己需要的信息。Dreamweaver CS5 的帮助系统采用了这种机制,它利用框架技术,在页面顶端建立了目录、搜索和索引等链接,以便用户快速找到需要的信息。

站点发布之后,或多或少都会存在一些问题,因此及时获取用户对网站的意见和建议是非常重要的。为了及时从用户处了解到相关信息,应该在网页上提供网站制作者或者网站管理员的联系方式。常用的方法是将网站制作者或者网站管理员的 E-mail 公布在网站上，以帮助用户快速进行信息反馈。

4.1.3 构建整体风格

站点中的网页风格应该具有统一性，这样能够突出站点要表述的主题，同时也能够帮助用户快速了解站点的结构和浏览机制。在 Dreamweaver CS5 中，可以利用模板快速、批量地创建具有相同或者相似风格的网页，再在这个基础上进行必要的修改，以实现网页风格的统一。

文档风格统一化的特征之一就是在多个网页上重复出现某些对象，如文本、图像或者声音等。例如，可以在每个网页的左上角放置公司的徽标，在右下角放置创作者的联系方式。

实际创作时，维护整体风格的操作可能并不简单。例如，一个公司的徽标可能由几幅更小的图像和文本组合而成，要放置公司的徽标，不仅需要在页面中插入图像和文本，还需要精确调节它们之间的相对位置，最后形成徽标。如果要在多个网页上放置徽标，对每个网页都需要进行上述繁琐的操作，还可能由于位置摆放不齐等原因，造成网页间徽标形象的不统一，从而影响网站的整体质量。

为了解决这种问题，在 Dreamweaver CS5 中引入了库的概念。在创作网页时，可以将一些需要重复使用的对象或者组合制作成库并保存起来，当下次要往网页上放置相同对象或者组合时，直接从库中调用就可以了，这不但简化了操作，而且可以确保页面间对象或者组合的绝对一致。

4.2 创建站点

4.2.1 创建本地站点

在正式开始制作网页之前，最好先定义一个新网站，这是为了更好地利用站点窗口对站点文件进行管理，也可以尽可能地减少一些错误的出现，如路径出错、链接出错等。提倡的做法是：先建立一个文件夹用于存放网站的所有文件，再在文件夹内建立几个子文件夹，将文件分类存放，如图片文件放在 images 文件夹内，HTML 文件放在站点文件夹内。

文件的命名也是非常重要的，要让用户一看到文件的名字就知道大概是什么内容的网页文件。提倡用英文或者拼音给文件命名，尽量不要使用中文的名字,因为有的浏览器对中文的支持不理想,有可能出现链接错误。

创建本地站点的步骤如下:

① 启动 Dreamweaver CS5,在菜单栏中选择"站点|管理站点"菜单项,打开"管理站点"对话框,如图4.1所示。

图4.1 "管理站点"对话框

② 在"管理站点"对话框中单击"新建"按钮,弹出"站点设置对象 未命名站点 2"对话框,设计者可通过"站点"选项卡设置站点名称,如图4.2所示。

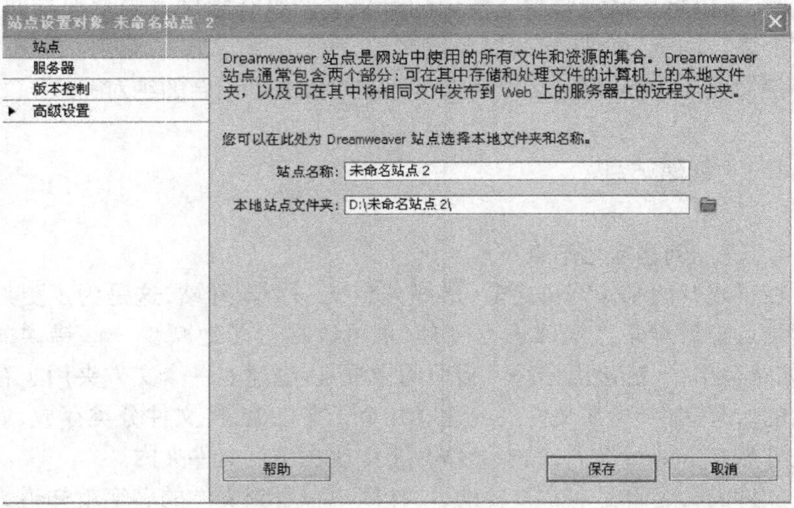

图4.2 "站点"选项卡

站点选项：在文本框中输入用户自定义的站点名称。

本地站点文件夹：在文本框中输入本地磁盘中存储站点文件、模板和库项目的文件夹名称，或者单击文件夹图标查找到该文件夹。

单击"高级设置"选项卡，在弹出的选项中根据需要设置站点，如图4.3所示。

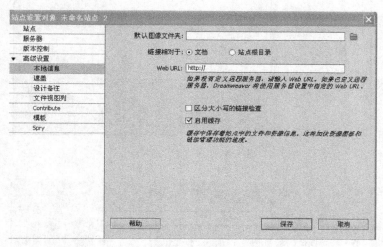

图 4.3 "高级设置"选项卡

默认图像文件夹：在文本框中输入此站点默认图像文件夹的路径，或者单击文件夹图标查找到该文件夹。

链接相对于：选择"文档"选项，表示使用文档相对路径进行链接；选择"站点根目录"选项，表示使用站点根目录相对路径进行链接。

Web URL：在文本框中输入已完成的站点将使用的 URL。

区分大小写的链接检查：勾选此复选框，则对使用区分大小写的链接进行检查。

启用缓存：指定是否创建本地缓存以提高链接和站点管理任务的速度。若勾选此复选框，则创建本地缓存。

③ 单击"服务器"类别，在如图4.4所示的对话框中单击"添加新服务器"按钮，添加一个新服务器，在"服务器名称"文本框中指定新服务器的名称，该名称可以是所选择的任何名称，如图4.5所示。

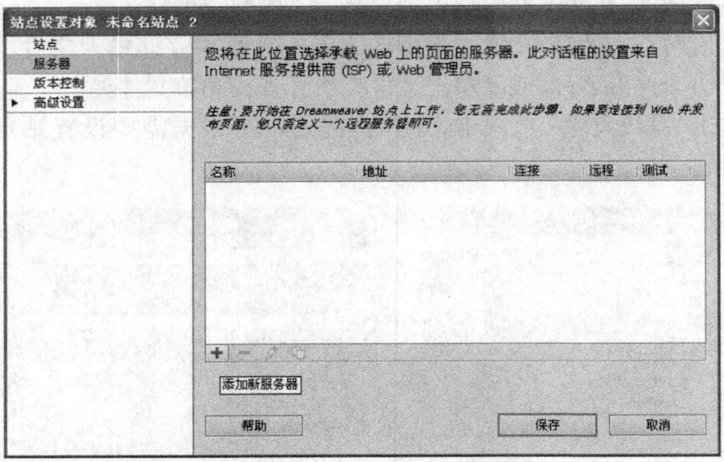

图 4.4 "服务器"选项卡

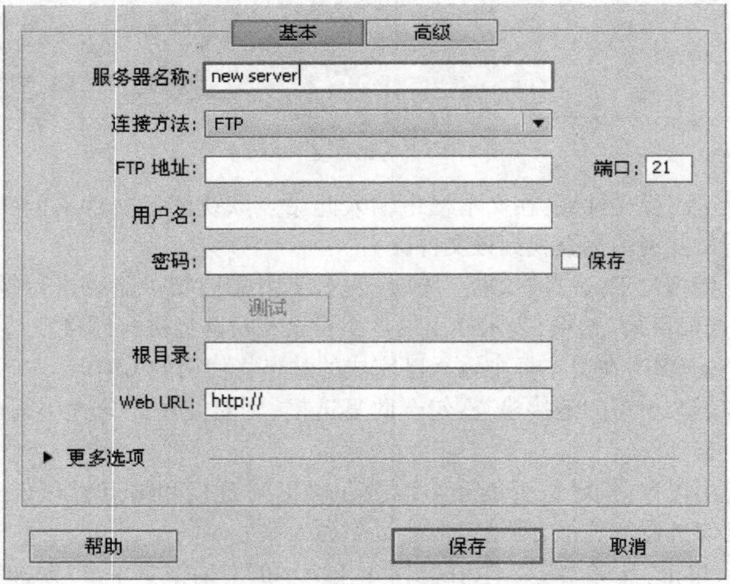

图 4.5 "添加新服务器"窗口

　④ 在"连接方法"下拉菜单中选择连接到服务器的方式,如图 4.6 所示。

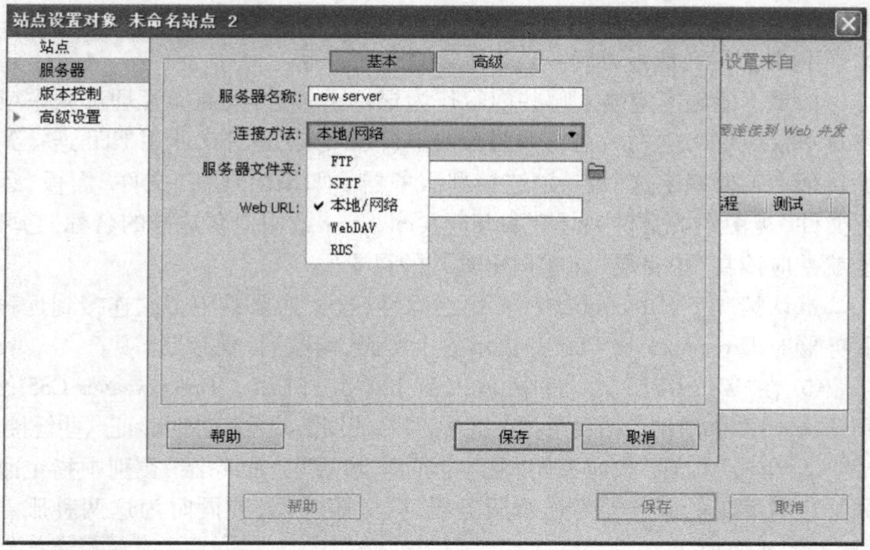

图 4.6　选择连接服务器的方法

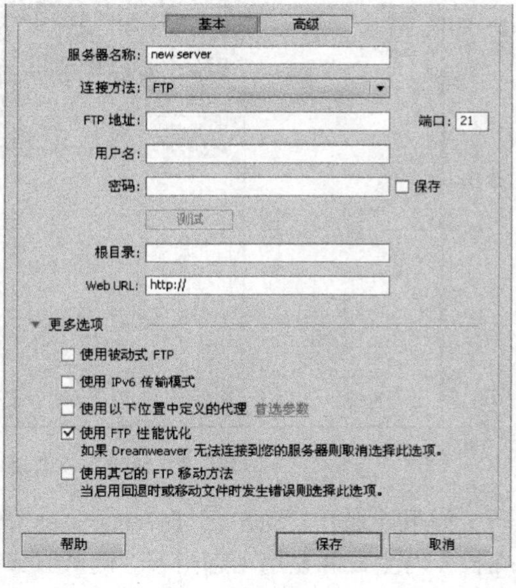

　　如果选择"FTP",则要在"FTP 地址"文本框中输入要将网站文件上传到其中的FTP 服务器的地址、连接到 FTP 服务器的用户名和密码,并单击"测试"按钮,测试FTP 地址、用户名和密码;然后在"根目录"文本框中输入远程服务器上用于存储公开显示的文档的目录(文件夹)。如果仍需要设置更多选项,请展开"更多选项"部分,如图 4.7 所示。

　　FTP 地址是计算机系统的完整 Internet 名称,如ftp. ycit. com。请输入完整的

图 4.7　"更多选项"窗口

地址,并且不要附带其他任何文本,特别注意不要在地址前面加上协议名。如果不知道 FTP 地址,请与 Web 托管服务商联系。

如果不能确定应输入哪些内容作为根目录,请与服务器管理员联系或将文本框保留为空白。在有些服务器上,根目录就是首次使用 FTP 连接到的目录。若要确定这一点,请连接到服务器。如果出现在"文件"面板"远程文件"视图中的文件夹具有 public_html,www 或用户名这样的名称,它可能就是应该在"根目录"文本框中输入的目录。

默认情况下,Dreamweaver CS5 会保存密码,如果希望每次连接到远程服务器时 Dreamweaver CS5 都提示输入密码,请取消"保存"选项。

⑤ 在"Web URL"文本框中,输入 Web 站点的 URL。Dreamweaver CS5 使用 Web URL 创建站点根目录相对链接,并在使用链接检查器时验证这些链接。

⑥ 单击"保存"按钮关闭"基本"屏幕,然后在"服务器"类别中指定刚添加或者编辑的服务器为远程服务器、测试服务器,或同时为这两种服务器,如图 4.8 所示。

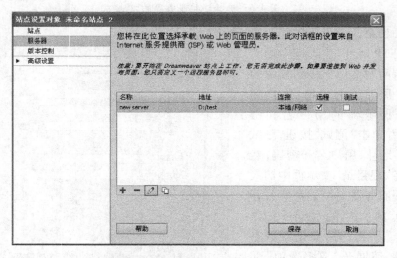

图 4.8　询问是否需要远程服务器

如果计划开发动态页,Dreamweaver CS5 需要测试服务器的服务以便在操作时生成和显示动态内容。测试服务器可以是本地计算机、开发服务器、中间服务器或生产服务器。

设置测试服务器的步骤如下:

a. 在"站点设置"对话框的"服务器"类别中单击"添加新服务器"按钮，添加一个新服务器或选择一个已有的服务器，单击"编辑现有服务器"按钮，在弹出的如图4.5所示的对话框中根据需要指定"基本"选项，然后单击"高级"按钮，如图4.9所示。需要注意的是，指定测试服务器时，必须在"基本"屏幕中指定 Web URL。

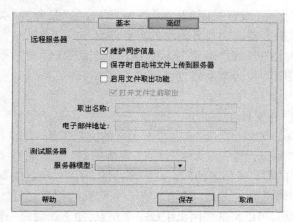

图4.9　设置远程服务器和测试服务器

b. 在测试服务器中，选择要用于 Web 应用程序的服务器模型，如图4.10 所示。

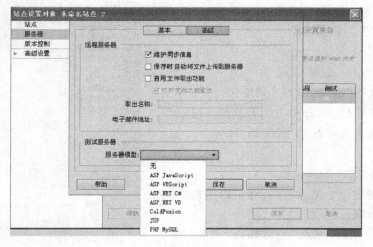

图4.10　选择服务器模型

需要注意的是,Dreamweaver CS5 将不再安装 ASP. NET,ASP JavaScript 或者 JSP 服务器。如果您正好处理 ASP. NET,ASP JavaScript 或者 JSPdmu,Dreamweaver CS5 对这些页面仍将支持实时视图、代码颜色和代码提示,无需在"站点设置"对话框中选择 ASP. NET,ASP JavaScript 或者 JSP,即可使用这些功能。

c. 单击"保存"按钮关闭"高级"屏幕,然后在"服务器"类别中,指定刚才作为测试服务器添加或者编辑的服务器。

d. 单击对话框中的"确定"按钮,返回"站点管理"对话框,这时对话框里将列出刚刚创建的本地站点。

4.2.2　已有文件生成站点

Dreamweaver CS5 也可以将磁盘上现有的文档组织当作本地站点来打开,只需要在"站点设置"对话框"站点"屏幕中的"本地站点文件夹"文本框中填入相应的根目录信息即可。利用该特性,可以对现有的本地站点进行管理。例如本地机器 d:\test\目录下有一个网站的网页,通过 Dreamweaver CS5 的站点管理,可以将这些网页生成一个站点,便于以后统一管理。

由此可知站点的概念与文档不同,文档可以是已经存在的,但是站点则是新创建的,换句话说,站点是文档的组织形式。

4.3　管理站点

4.3.1　选择站点

执行"窗口|文件"菜单命令,打开文件管理面板,单击左边的下拉列表可以选择已创建的站点,如图 4.11 所示。

4.3.2　编辑站点

在创建了站点之后,还可以对站点属性进行编辑,步骤如下:

① 执行"站点|管理站点"菜单命令,弹出"管理站点"对话框,如图 4.12 所示。

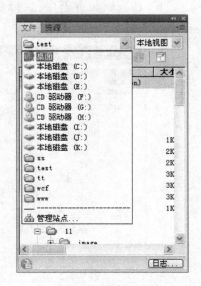

图 4.11　选择站点

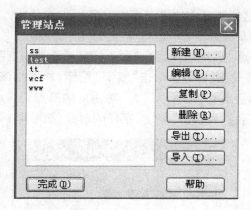

图 4.12 "管理站点"对话框

② 选择需要编辑的站点,单击"编辑"按钮,弹出"站点定义"对话框,可重新设置站点的属性。编辑站点时弹出的对话框和创建站点时弹出的对话框是完全一样的。

4.3.3 删除站点

如果不再需要利用 Dreamweaver CS5 对某个本地站点进行操作,可以将之从站点列表中删除。删除站点实际上只是删除了 Dreamweaver CS5 与该本地站点之间的关系,实际的本地站点内容,包括文件夹和文档等,都仍然保存在磁盘相应的位置上,可以重新创建指向该位置的新站点,对之进行管理。删除站点的步骤如下:

① 执行"站点|管理站点"菜单命令,弹出"管理站点"对话框。

② 选择需要删除的站点,单击"删除"按钮,弹出提示对话框,如图 4.13 所示。本操作不能通过"编辑|撤消"菜单命令恢复。

③ 单击"是"按钮,完成站点的删除。

图 4.13 删除站点的提示对话框

4.3.4 复制站点

如果希望创建多个结构相同或者类似的站点,则可以利用站点的复制特性。首先从一个基准站点上复制出多个站点,然后再根据需要分别对各站点进行编辑,这能够极大地提高工作效率。

复制站点的步骤如下:

① 执行"站点|管理站点"菜单命令,弹出"管理站点"对话框。

② 选择需要复制的站点,单击"复制"按钮,即可将该站点复制,新复制出的站点名称会出现在"管理站点"对话框的站点列表中。复制站点的名字采用原站点名称后添加"复制"字样的形式,如图4.14所示。

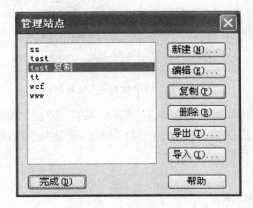

图 4.14　复制 test 站点

③ 若需要更改默认的站点名称,可以选中新复制出的站点,然后单击"编辑"按钮编辑站点名称等属性。

4.4　管理站点文件

无论创建空白的文档,还是利用已有的文档构建站点,都可能需要对站点中的文件夹或文件进行操作。利用文档窗口,可以对本地站点的文件夹和文件进行创建、删除、移动和复制等操作。

4.4.1　创建文件或文件夹

创建文件/文件夹的步骤如下:

① 执行"窗口|文件"菜单命令,打开文件管理面板。

② 单击左边的下拉列表选择需要的站点。

③ 单击文件管理面板的选项菜单,执行"新建文件"或者"新建文件

夹"菜单命令新建一个文件或者文件夹,如图4.15所示。

图 4.15 创建文件/文件夹

④ 单击新建的文件或者文件夹名称,使其名称区域处于编辑状态,然后修改文件/文件夹名称,如图 4.16 所示。

图 4.16 修改文件/文件夹名称

4.4.2 删除文件或文件夹

删除文件或文件夹的步骤如下：

① 执行"窗口 | 文件"菜单命令，打开文件管理面板。

② 单击左边的下拉列表选择需要的站点。

③ 选中要删除的文件或文件夹。

④ 按【Delete】键，系统会出现一个"提示"对话框，如图 4.17 所示。

⑤ 单击"是"按钮后，即可将文件或
文件夹从本地站点中删除。需要注意的
是，同删除站点的操作不同，对文件或文
件夹的删除操作会将相应的文件或文件
夹从磁盘上真正删除。

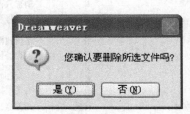

图 4.17 提示对话框

4.4.3 编辑站点文件

编辑站点文件的步骤如下：

① 执行"窗口 | 文件"菜单命令，打开文件管理面板。

② 单击左边的下拉列表选择需要的站点。

③ 双击需要编辑的文件图标，即可在 Dreamweaver CS5 的文档窗口中

打开此文件,对文件进行编辑。文件编辑完毕,保存文档,即可对本地站点中的文件进行更新。

一般来说,可以首先构建整个站点,同时在各个文件夹中创建需要编辑的文件;然后,再在文档窗口中分别对这些文件进行编辑,最终构建完整的网站内容。

4.4.4　刷新文件列表

如果在 Dreamweaver CS5 之外对站点中的文件夹或者文件进行了修改,则需要对本地站点文件列表进行刷新,才可以看到修改后的结果。如果在定义站点过程中勾选了"自动刷新本地文件列表"复选框,则文件列表的刷新操作会自动完成;如果没有勾选该复选框,则需要手动刷新文件列表。

刷新本地站点文件列表的步骤如下:

① 执行"窗口|文件"菜单命令,打开文件管理面板。

② 单击左边的下拉列表选择需要的站点。

③ 单击站点面板左上的"刷新"按钮,即可对本地站点的文件列表进行刷新。

4.5　文本处理

文本是最重要的传递信息的媒质。一般而言,网页上的信息大多是通过文本表达的,它们通过不同的排版方式、不同的设计风格排列在网页上,提供丰富的信息。在制作网页的过程中,文本的创建与编辑占很大一部分内容,因此能否熟练运用各种文本控制手段,是网页设计是否美观、富有创意及提高工作效率的关键。下面介绍 Dreamweaver CS5 提供的多种在文档中添加文本和设置文本格式的方法。

4.5.1　添加普通文本

在 Dreamweaver CS5 中输入文本与普通的文本处理软件类似。将文本添加到 Dreamweaver CS5 文档的方法很多,可以直接在 Dreamweaver CS5 文档窗口中键入文本,也可以从其他文档中剪切后粘贴或导入文本,还可以从其他应用程序拖放文本。Web 专业人员接收的、包含需要合并到 Web

页面的文本内容的典型文档类型有 ASCII 文件、RTF 文件和 Microsoft Office 文档。Dreamweaver CS5 可以从这些文档类型中的任何一种取出文本，然后并入 Web 页面中。

若要将文本添加到文档，请执行下列操作之一：

● 直接在 Dreamweaver CS5"文档"窗口中键入文本，也可以从其他文档中剪切并粘贴，还可以从 Word 文档导入文本。

● 用鼠标在文档编辑窗口的空白区域单击一下，窗口中出现闪动的光标，提示文字的起始位置，将文字素材复制/粘贴进来。

4.5.2　插入特殊符号

一般来说，在 HTML 中一个特殊字符有两种表达方式，一种称为数字参考，另一种称为实体参考。

所谓数字参考，就是用数字表示文档中的特殊字符，通常由前缀"&#"，加上数值，再加上后缀";"组成，其表达方式为"&#D;"，其中 D 为一个十进制数值。

所谓实体参考，实际上就是用有意义的名称来表示特殊字符，通常由前缀"&"，加上字符对应的名称，再加上后缀";"组成，其表达方式为"&name;"，其中 name 是一个用于表示字符的名称，它是区分大小写的。例如，可以使用"©"和"©"来表示版权符号"©"，用"®"和"®"来表示注册商标符号"®"，很显然，这比数字要容易记忆得多。遗憾的是，不是所有的浏览器都能够正确认出采用实体参考方式的特殊字符，但是它们都能识别出采用数字参考方式的特殊字符，如果可能，对于一些特殊不常见的字符，应该使用数字参考方式。

当然，对于那些常见的特殊字符，使用实体参考方式是安全的，在实际应用中，只要记住这些常用特殊字符的实体参考就可以了。

尽管记忆字符的参考非常不易，可是在 Dreamweaver CS5 中插入特殊字符却变得非常简单。Dreamweaver CS5 在"文本"的插入面板上专门设置了常见的特殊字符按钮，只需要单击相应的按钮，即可完成特殊字符的输入。切换到"文本"的插入面板并单击特殊字符下拉箭头后，就可以看到 Dreamweaver CS5 自带的特殊字符，如图 4.18 所示。

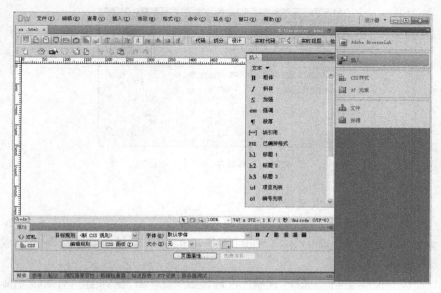

图 4.18 "文本"插入面板

4.5.3 编辑文本格式

网页的文本分为段落和标题两种格式。在文档编辑窗口中选中一段文本,执行"窗口|属性"菜单命令,即出现属性设置面板,如图 4.19 所示。

图 4.19 "文本属性"设置面板

在属性面板"格式"后的下拉列表框中选择"段落"可把选中的文本设置成段落格式。"标题 1"到"标题 6"分别表示各级标题,应用于网页的标题部分,对应的字体由大到小,同时文字全部加粗。另外,在属性面板中可以定义文字的字号、颜色、加粗、加斜、水平对齐等。

Dreamweaver CS5 预设的可供选择的字体组合只有 6 项,且都是英文字体组合。若要想使用中文字体,必须重新编辑新的字体组合,在"字体"后的下拉列表框中选择"编辑字体列表",弹出"编辑字体列表"对话框,如图 4.20 所示。

图 4.20 "编辑字体列表"对话框

4.5.4 文字的其他设置

（1）文本换行。按【Enter】键换行的行距较大（在代码区生成 < p ></p > 标签），按【Enter】+【Shift】键换行的行间距较小（在代码区生成 < br > 标签）。

（2）文本空格。选择"编辑│首选参数"菜单项，在弹出的对话框左侧的分类列表中选择"常规"项，在右选勾边"允许多个连续的空格"复选框，就可以直接按空格键给文本添加空格了，如图 4.21 所示。

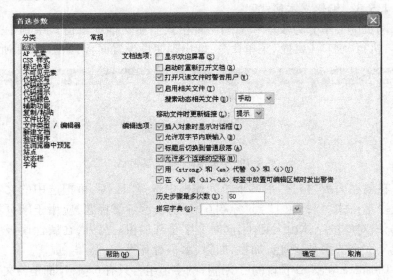

图 4.21 "首选参数"面板

（3）插入列表。列表分为两种，有序列表和无序列表。无序列表没有顺序,每一项前面都以同样的符号显示,而有序列表每一项前面都有序号引导。在文档编辑窗口中选中需要设置的文本,在属性面板中单击 ≣,则选中的文本被设置成无序列表,单击 ⋮≣ 则选中的文本被设置成有序列表。

(4)插入水平线。水平线起到分隔文本的排版作用,选择快捷工具栏的"HTML"项,单击 HTML 栏的第 1 个按钮 ▦,即可在网页中插入水平线。选中插入的这条水平线,可以在属性面板中对其属性进行设置。

(5)插入时间。在文档编辑窗口中,将鼠标光标移动到要插入日期的位置,单击常用插入栏的"日期"按钮,在弹出的"插入日期"对话框中选择相应的格式即可,如图 4.22 所示。

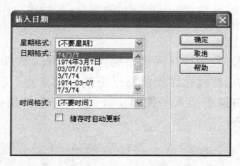

图 4.22 "插入日期"对话框

4.6 图像处理

图像在网页中的作用是不可替代的。图像不但可以使网页更加美观,而且有时一幅合适的图片胜过数篇洋洋洒洒的介绍。目前互联网上支持的图像格式主要有 GIF,JPEG 和 PNG,其中使用最为广泛的是 GIF 和 JPEG。

4.6.1 关于图像

图形文件常用格式介绍如下:

(1)GIF 的全称为"Graphics Interchange Format",意为可交换图像格式,它是第 1 个支持网页的图像格式,在 PC 机和苹果机上都能被正确识别。它最多支持 256 种颜色,可以使图像容量变得相当小。GIF 图像可以在网页中以透明方式显示,还可以包含动态信息,即 GIF 动画。

（2）JPEG 的全称为"Joint Photographic Experts Group"，意为联合图像专家组，它可以高效地压缩图片，丢弃人眼不易察觉的部分图像，使文件容量变小的同时基本不失真，通常用来显示颜色丰富的精美图像。

（3）PNG 全称为"Portable Network Graphics"，意为便携网络图像，它是逐渐流行的网络图像格式。PNG 格式既融合了 GIF 能透明显示的特点，又具有 JPEG 处理精美图像的优势，且可以包含图层等信息，常常用于制作网页效果图。

网页图像的素材来源很多，可以使用图形处理软件（如 Photoshop，Fireworks 和 FreeHand 等软件）制作，也可以购买网页素材光盘，还可以从网络上下载等。

4.6.2　插入图像

在制作网页时，先构想好网页布局，在图像处理软件中将需要插入的图片进行处理，然后存放在站点根目录下的文件夹里。插入图像时，将光标放置在文档窗口需要插入图像的位置，然后单击常用插入栏的"图像"按钮，如图 4.23 所示。

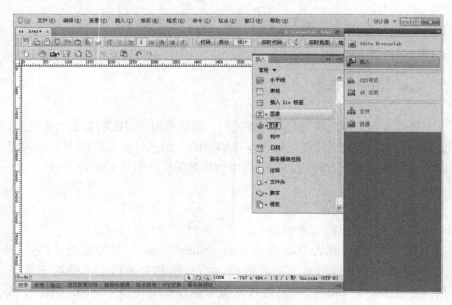

图 4.23　"插入图像"面板

在弹出的"选择图像源文件"对话框中选择"lesson/1.jpg",单击"确定"按钮就把图像 1.jpg 插入网页中了,如图 4.24 所示。

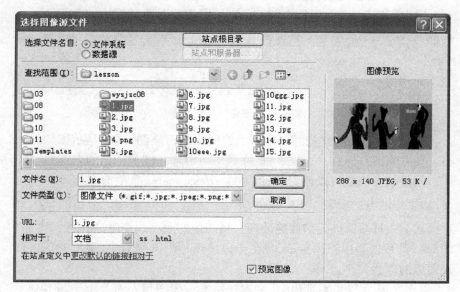

图 4.24 "选择图像源文件"对话框

如果在插入图片的时候,没有将图片保存在站点根目录下,会弹出如图 4.25 所示的对话框,提醒用户把图片保存在站点内部,这时单击"是"按钮,如图 4.25 所示,然后选择本地站点的路径将图片保存,图像也可以插入到网页中,如图 4.26 所示。

图 4.25 提示信息窗口

图 4.26 复制图像的保存

4.6.3　设置图像属性

选中图像后,属性面板中即显示出了图像的属性,如图 4.27 所示。

图 4.27　图像"属性"面板

在"属性"面板的左上角,显示当前图像的缩略图,同时显示图像的大小。在缩略图右侧有一个文本框,在其中可以输入图像标记的名称。

图像的大小是可以改变的,但是在 Dreamweaver 里更改是极不好的习惯,如果您的电脑安装了 FW 软件,单击"属性"面板"编辑"旁边的 ⟨W⟩,即可启动 FW 对图像进行缩放等处理。当图像的大小改变时,属性栏中"宽"和"高"的数值会以粗体显示,并在旁边出现一个弧形箭头,单击它可以恢复图像的原始大小。

"水平边距"和"垂直边距"文本框用来设置图像左右及上下与其他页面元素的距离。

"边框"文本框用来设置图像边框的宽度,默认的边框宽度为 0。

"替换"文本框用来设置图像的替换文本,可以输入一段文字,当图像无法显示时,将显示这段文字。

单击"属性"面板中的对齐按钮 ☰ ☰ ☰,可以分别将图像设置成在浏览器中居左对齐、居中对齐或居右对齐。

在"属性"面板中,"对齐"下拉列表框用来设置图像与文本相互对齐的方式,共有 10 个选项。通过它们可以将文字对齐到图像的上端、下端、左端或右端等,灵活地实现文字与图片的混排效果。

4.6.4　插入图像占位符

单击常用插入栏的"图像"按钮时可以看到,除了"图像"外,还有"图像占位符"、"鼠标经过图像"、"导航条"等项目。

在布局页面时,如果要在网页中插入一张图片,可以先不制作图片,而使用占位符来代替图片位置。单击插入栏下拉列表中的"图像占位符",

打开"图像占位符"对话框,按设计需要设置图片的宽度和高度,输入待插入图像的名称即可,如图4.28所示。

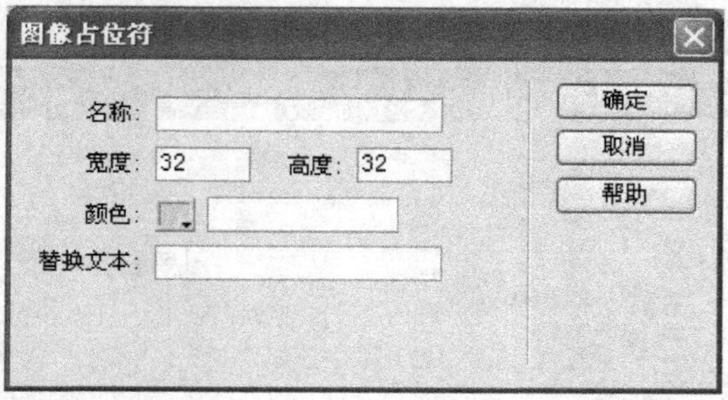

图4.28 "图像占位符"对话框

在"名称"文本框中可输入占位符的名称。用户在这里对占位符名称的设置会和其尺寸一起显示出来。

占位符的尺寸设置用于对占位符进行精确的高、宽调整。在设计视图中插入占位符后可以随时对其大小进行设置。占位符的默认颜色是灰色,也可以在拾色器中选择其他颜色。在"替换文本"文本框中输入文字,作为这个占位符的说明。全部设置完毕后单击"确定"按钮 **确定** 就可以成功插入占位符了。占位符插入效果如图4.29所示。

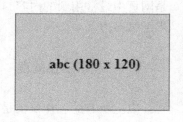

用图像替换占位符图像时,先双击占位符图像,然后从弹出的"选择图像源文件"对话框中选择网页中需要的图像即可。"名称"和"替换文本"文本框中的属性值可以从图像占位符转换到新插入的图像中。

图4.29 插入占位符

4.6.5 插入鼠标经过图像

在一个静态的网页中适当地插入一些有变化的图片,会让整个网页更具趣味性。在浏览网页时经常会遇到这样的情况,当鼠标指针经过某个图像时,会转换成另外一个图像,而当鼠标指针移开时就又会恢复到原来的图像,这就是利用Dreamweaver CS5的插入交换图像的功能来实现的。

鼠标经过图像实际上由两个图像组成——主图像(首次载入页时显示

的图像)和次图像(当鼠标指针移过主图像时显示的图像)。这两张图片大小要相等,如果不相等,Dreamweaver CS5 将自动调整次图像的大小与主图像一致,如图 4.30 所示。

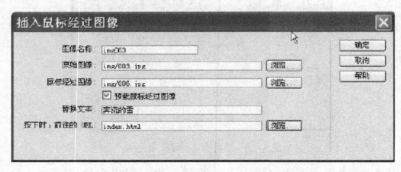

图 4.30　"插入鼠标经过图像"对话框

设置完毕后单击"确定"按钮 ▛ 确定 ▟ 就为这个网页添加了鼠标指针经过图像,插入完毕后还可以对这个图像添加简单的文字说明,然后按下【F12】键或单击"在浏览器中预览调试"按钮进行预览。图片与文本一样,是网页中最常用到的内容,其变化相对较少,要想排出精致美观的网页,还需继续努力。

4.7　超级链接处理

以上所有的工作仅仅是使网页中可以显示文本和图像,虽说是"图文并茂"了,但这还远远不够,为了使网站中的众多网页构成一个整体,必须使各网页通过超链接的方式联系起来,使访问者能够在各个页面之间跳转。

超链接就是当鼠标单击一些文字、图片或其他网页元素时,浏览器会根据其指示载入一个新的页面或跳转到页面的其他位置。与超链接相关的一个概念是定位点(也称锚点),它指明了网页中一个确定的位置,以便超链接跳转时定位。作为网站肯定有很多的页面,如果页面之间彼此是孤立的,那么网页就好比是孤岛,这样的网站是无法运行的。为了建立起网页之间的联系就必须使用超级链接。之所以称之为"超级链接",是因为它可以链接网页,也可以下载文件、网站地址、邮件地址……

4.7.1　文字超链接

建立超链接所使用的 HTML 标签为 < a > < /a > 标签。请观察下面这段网页文档：

```
< html >
    < head >
    < title > 超链接 < /title >
    < /head >
    < body >
    点击 < a href = 1. html > 这里 < /a > 链接到一个图片网页
    < /body >
< /html >
```

注意代码中的 < a > < /a > 标签,这里的 href 属性是必要属性,用来放置超链接的目标,既可以是本机上的某个 HTML 文件,也可以是 URL 地址。 < a > < /a > 之间的内容为超链接名称。

这个页面显示的效果为：单击"这里"两个字以后,网页就跳转到链接的"1. html"页面。

4.7.2　页面之间的超级链接

在建有超链接的网页中,单击某些图片、有下划线或有明示链接的文字等就会跳转到相应的网页中去。

页面之间建立超链接的步骤如下：

① 在网页中选中要做超级链接的文字。

② 在"属性"面板中单击黄色文件夹图标,在弹出的对话框里选中相应的网页文件即可。建立超级链接后"属性"面板将出现链接文件显示,如图4.31所示。

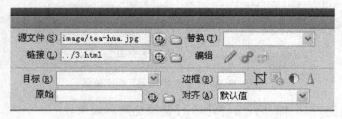

图 4.31　"超链接"属性设置窗口

③ 按【F12】键预览网页。在浏览器中光标移动到超级链接的地方就会变成手型。当然也可以直接在链接输入框中输入地址。

给图片加上超级链接的方法和文字完全相同。如果超级链接指向的不是一个网页文件，而是其他文件，如 zip，exe 文件等，单击链接的时候就会下载文件。超级链接也可以直接指向地址而不是一个文件，此时单击链接将直接跳转到相应的地址。例如，在链接框里写上 http://www.ycit.cn/，那么，单击链接就可以跳转到盐城工学院网站。

4.7.3 邮件地址的超级链接

在浏览网页时经常能看到这样的一些超级链接，单击了链接以后，会弹出邮件发送程序，联系人的地址已经填写好了，这也是一种超级链接方式。电子邮件超级链接的制作方法如下：在编辑状态下，先选定要链接的图片或文字（例如：欢迎您来信赐教！），在"插入"菜单中单击"电子邮件链接"，弹出如下对话框，填入 E-Mail 地址即可，如图 4.32 所示。

图 4.32　"电子邮件链接"对话框

您还可以选中图片或者文字，直接在属性面板链接框中填写"mailto：邮件地址"，如图 4.33 所示。

图 4.33　"电子邮件链接"属性面板

创建完成后，保存页面，按【F12】键预览网页效果。

4.7.4　图片上的超级链接

这里所说的图片上的超级链接是指在一张图片上实现多个局部区域指向不同的网页链接。例如一张中国地图的图片，单击不同的省将跳转到不同的网页，其中可单击的区域就是热区。鼠标移动到省份的热区，会显示提示，如果有预先设置的网站，单击就会进入对方的网站，如图 4.34 所示。

图 4.34　地图图像

图片上超级链接的制作步骤如下：

① 插入图片。单击图片,用展开的"属性"面板上的绘图工具在画面上绘制热区,如图 4.35 所示。

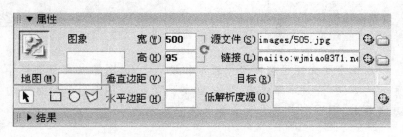

图 4.35　"插入图片"设置面板

② "属性"面板改换为热点面板。如图 4.36 所示在"链接"输入框内填入相应的链接;在"替代"框内填入提示文字说明;"目标"框不做选择则默认在新浏览器窗口打开。

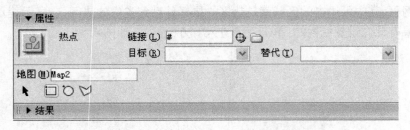

图 4.36 "图像热点链接"设置面板

③ 保存页面。按【F12】键预览,用鼠标在设置的热区检验效果。

　　提示:对于复杂的热区图形可以直接选择多边形工具进行描画。替代框填写了说明文字以后,光标移上热区就会显示出相应的说明文字。

"超级链接属性"面板中的"目标"选项区又称为目标区,也就是超级链接指向的页面出现在什么目标区域。默认的情况下,域中共有 4 个选项:

● blank:单击链接以后,指向页面出现在新窗口中。
● parent:用指向页面替换外面所在的框架结构。
● self:将链接页面显示在当前框架中。
● top:跳出所有框架,页面直接出现在浏览器中。

本章小结

　　本章主要介绍了在网页中添加和设置文本、图像以及超链接等元素的方法,通过本章学习,用户应该了解文本、图像以及超链接的基本概念、网页中各主要元素编辑的基本方法等。

[实例4.1]

实例说明:制作一个"校园"网页。

实例分析:本实例将制作一个"校园"网页。此网页主要应用本章所学知识进行制作,如插入图片、输入文本、插入水平线和插入日期等。

操作步骤:

① 插入1行3列的表格。执行"插入│表格"菜单命令,在弹出的"表格"对话框中设置"行数"为1,"列数"为3。将光标置于第1行第1列中,执行"插入│图像"菜单命令,在弹出的"选择图像源文件"对话框中选择图片,如实例图4.1所示。

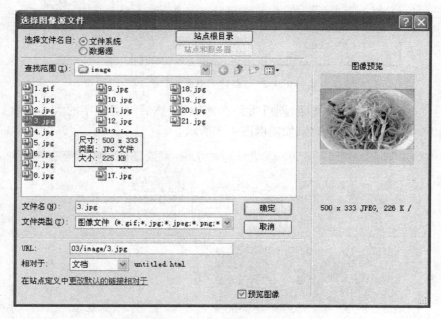

实例图4.1 "选择图像源文件"对话框

② 单击"确定"按钮,即可将图片插入到指定位置,并调整其大小。

③ 将光标置于表格的第1行第2列中,在"属性"面板中设置背景颜色"#006600",然后在其中输入文字"校园生活"。将文字选中,设置字体

为"华文隶书"，此时弹出"新建 CSS 规则"对话框，在"选择器名称"文本框中输入"ziti"，如实例图 4.2 所示。

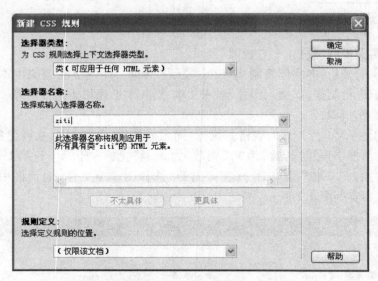

实例图 4.2 "新建 CSS 规则"对话框

④ 单击"确定"按钮，即可得到字体效果，然后设置文字的大小、颜色以及对齐方式，设置效果如实例图 4.3 所示。

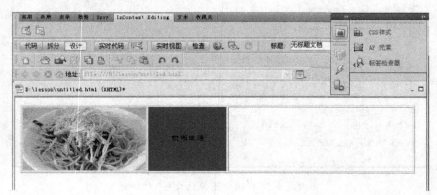

实例图 4.3 设置文字效果图

⑤ 按照同样的方法，在表格的第 1 行第 3 列中插入一幅图片，按【F12】键即可在浏览器中预览页面效果，如实例图 4.4 所示。

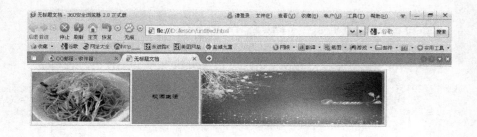

实例图 4.4　在浏览器中的预览页面效果

[**实例 4.2**]

实例说明:制作图文链接跳转。

实例分析:根据本章所学知识,新建一个网页,为其创建一个外部链接、一个内部链接以及一个图像映射效果。

操作步骤:

① 新建一个网页,输入文字"盐工平台",如实例图 4.5 所示。

② 在"属性"面板的"链接"文本框中输入 http://www. ycit. cn,在"目标"下拉列表中选择"_top",如实例图 4.6 所示。此时即为网页创建了一个外部链接。

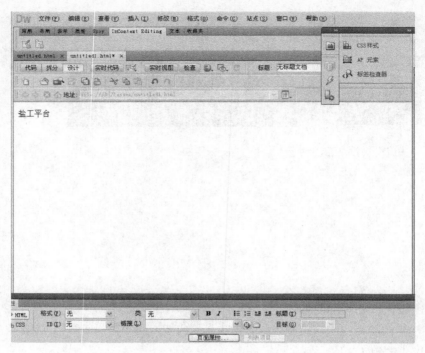

实例图 4.5　新建网页

实例图 4.6　设置"属性"面板

③ 按【F12】键，在预览窗口中单击此链接，可打开盐城工学院网站。

④ 在网页中输入"照片设计"，在"属性"面板的"链接"文本框中输入已经建立好的目标网页名称或者单击右侧的按钮 📁，在弹出的"选择文件"对话框中选择一个链接对象，如实例图 4.7 所示。

⑤ 单击"确定"按钮，即可将选中文字制作成超链接状态，按【F12】键就可以打开浏览器浏览一个内部链接。

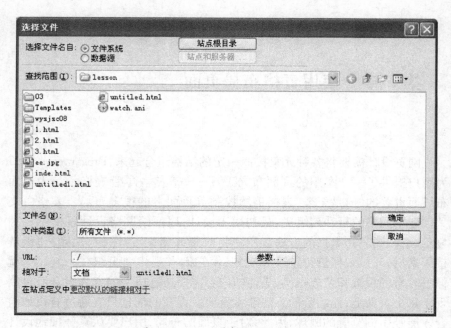

实例图4.7 "选择文件"对话框

思考与练习

1. 新建一个网页,在网页中输入文本(内容自定义),并设置其属性,然后在标题处插入日期和水平线。

2. 新建一个网页,在网页中插入一个图像并调整其大小和位置,然后再插入一个交互式图像,得到鼠标经过图像时的效果。

3. 打开一个已有的网页,创建文本链接和图片链接。

4. 打开一个已有的网页,创建电子邮件链接和锚点链接。

第 5 章　使用表格布局页面

网页设计需要将各种元素按照一定的结构组合起来,Dreamweaver CS5为用户提供了一个实用的页面布局工具——表格。尽管表格不是为页面布局而设置的,但是至今,表格仍然控制着页面上的很多布局。表格由交叉创建单元格的行和列组成,最初用于设计,以便给网络设计者提供一种显示、组织图表和数据的方法。用户将收集好的文字、图像、视频、超级链接等素材,通过表格进行整理和规划,使它们有规律地组织在一起。这就像平时看的报纸和杂志一样,具体的内容需要通过适当的方式组合后再展现于每个页面上,而组合的方法非常重要。无序的信息只有通过有机地组合才能吸引浏览者的眼球,因此,对于页面的布局,用户要认真仔细地设计研究。

5.1　页面布局概述

在浏览网页的时候人们总是容易被那些美观大方的网页吸引,而这些网页之所以能够吸引人,并能够让访问者继续浏览下去,很重要的一点就是它们的页面布局。这个因素几乎成为一个网页制作成败的关键,因此用户在进行网页制作时一定要加以重视。

制作网页前首先要对网页的轮廓进行一些规划。网页的版面布局就像结构化编程一样,应该一步步地分析,逐步细化,化繁为简。一般来说,用户可以将网页复杂的区域分成若干个小的区域进行制作。如果划分后的小区域依然比较复杂,那么还可以继续细分,直到简单明了为止。

通常网页是以从上到下的顺序进行布局的,大致可以将它分为三大块:栏目导航区、主内容区以及版权区。栏目导航区又可以细分为栏目区和导航区,主内容区又可以细分为左边区域、中间区域以及右边区域。当然,这些区域也不是一定要按照固定的排列进行划分,有时候违反常规的设计往往会因为它的与众不同更吸引浏览者。

在 Dreamweaver CS5 中,对版面的设计有几种常见又好用的方法。插入表格是使用率最高的一种方法,它通过表格对网页的版面进行分割,把不同区域分开以填充不同的内容。

5.2　表格组成概述

在网页中表格是一种用途非常广泛的工具,不仅可以有序地排列数据,还可以精确地定位文本、图像以及其他网页元素,这在网页版面布局方面起着非常重要的作用。在开始讲述表格制作之前,首先对表格各部分的名称做一个简单介绍。

一张表格横向称为行,纵向称为列;行列交叉部分称为单元格;单元格中的内容和边框之间的距离称为边距;单元格和单元格之间的距离称为间距;整张表格的边缘称为边框。网页表格如图 5.1 所示。

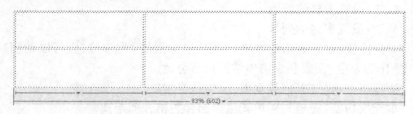

图 5.1　网页表格

对于网页的排版布局来说,表格是不可或缺的工具。作为一名网页设计人员,表格运用得熟练与否直接影响作品的外观,因此掌握网页表格是十分重要的。

5.3　表格的创建

5.3.1　表格、单元格的创建

要在页面中插入表格,操作步骤如下:

① 执行"插入|表格"菜单命令或单击常用工具栏的"表格"工具。

② 弹出"表格"对话框,如图 5.2 所示,对表格进行设置。

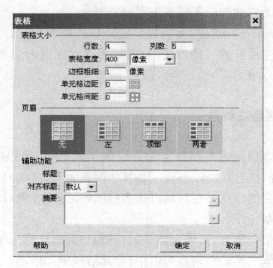

图 5.2 "表格"对话框

行数：设置表格的行数。

列数：设置表格的列数

表格宽度：设置表格的宽度，可使用"像素值"为单位，也可以使用"百分比"作为单位，在嵌套表格中常使用百分比。

边框粗细：设置表格线宽度，单位是像素。

单元格边距：设置表格单元格内部和表格线的距离。

单元格间距：设置单元格之间的距离。

其他可使用默认设置，按下"确定"按钮 确定 后，页面中出现插入的表格，表格下方的淡绿色线条及数据为表格的宽度数据，如图5.3所示。

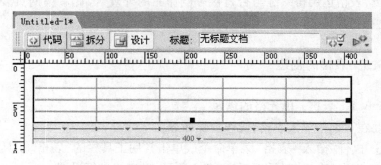

图 5.3 插入表格示例

5.3.2 嵌套表格的创建

嵌套表格是嵌在另一个表格的单元格中的表格。用户可以像对其他任何表格一样对嵌套表格进行格式设置,但是,其宽度受它所在单元格宽度的限制。若要在表格单元格中嵌套表格可以单击现有表格中的一个单元格,再在单元格中插入表格。例如,在一个3行3列的表格的中间单元格中嵌入一个3行3列的表格就形成如图5.4所示的嵌套表格。

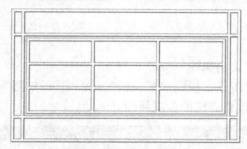

图 5.4 嵌套表格

5.4 表格的操作

5.4.1 选定表格对象

在对表格进行操作之前,必须先选中表格元素,可以一次选中整个表格、一行表格单元、一列表格单元或者几个连续的表格单元。

(1) 选择整个表格的方法

将光标放置在表格的任一单元格中,然后通过在文档窗口底部的标签选择器中单击 < table > 标记,或者执行"修改│表格│选择表格"菜单命令选中整个表格。选中整个表格的效果如图 5.5 所示。

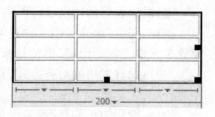

图 5.5 选中整个表格

(2) 选中一行表格单元或者一列表格单元的方法

将光标放置在一行表格单元的左边界上或者将光标放置在一列表格单元的顶端,当黑色箭头出现时单击选中一行或者一列表格单元,也可以单击一个表格单元,横向或者纵向拖动鼠标选中一行或者一列表格单元。选中一行表格单元的效果如图 5.6 所示,选中一列表格单元的效果如

图 5.7 所示。

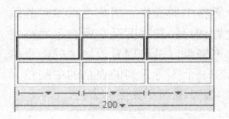 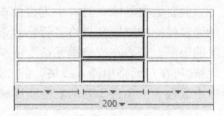

图 5.6　选中一行表格单元　　　　　图 5.7　选中一列表格单元

5.4.2　设置表格属性

选中表格后,属性面板变成了表格的属性面板,如图 5.8 所示,在属性面板中可以直接设置表格的各项属性。

图 5.8　表格属性面板

表格 ID:设置表格的 ID 号,一般可不输入。

行、列:设置表格行数、列数。

宽:设置表格的宽度、高度,有百分比和像素值两种单位可选。

填充、间距:填充栏用于设置单元格内部和表格线的距离;间距栏用于设置单元格之间的距离,单位是像素。

对齐:设置表格的对齐方式,有左对齐、居中对齐、右对齐,默认方式为左对齐。

边框:设置边框的宽度,单位是像素。

类:使用 CSS 中定义的类(见有关 CSS 章节)。

列宽控制、行高控制:上行有清除表格宽度、将宽度转换为像素值、将宽度转换为百分比 3 个按钮;下行有清除表格行高、将行高转换为像素值、将行高转换为百分比 3 个按钮。

背景颜色、背景图像:用于设置表格的背景。

边框颜色:用于设置表格边框的颜色。

5.4.3　设置单元格属性

当选中表格的单元格时,有关单元格属性设置显示在属性面板下方,如图 5.9 所示。

图 5.9　"单元格属性"面板

合并单元格、拆分单元格:用于合并选定的单元格或拆分单元格。

对齐方式:设置单元格内的水平对齐方式(左对齐、居中对齐、右对齐)、垂直对齐方式(顶端对齐、居中对齐、底部对齐、基线对齐),默认均为居中对齐。

宽、高:设置单元格的宽度和高度。

背景颜色:设置所选单元格的背景图像、背景颜色及边框颜色。

页面属性:设置表格的页面属性。

> **提示:**合并的表格单元格和嵌套表格,通常需要设置垂直方向为顶端对齐方式。

5.4.4　增加、删除行或列

在 Dreamweaver CS5 中增加、删除行或列是非常简单的。需要注意的是,在表格的最后一个单元格中按【Tab】键会自动在表格中添加一行。

(1) 若要添加单个行或列,操作步骤如下:

① 单击某个单元格。

② 执行"修改︱表格︱插入行"或"修改︱表格︱插入列"菜单命令,将在插入点的上方出现一行或在插入点的左侧出现一列。

③ 单击列标题菜单,选择"左侧插入

图 5.10　表格中插入列

列"或"右侧插入列"菜单项,如图5.10所示。

（2）若要添加多行或多列,操作步骤如下:

① 单击某个单元格。

② 执行"修改︱表格︱插入行或列"菜单命令,即出现"插入行或列"对话框。

③ 选择"行"或"列",单击"确定"按钮,行或列出现在表格中。

（3）若要删除某行或列,方法有两种:

● 单击要删除的行或列中的一个单元格,执行"修改︱表格︱删除行"或"修改︱表格︱删除列"菜单命令。

● 选择完整的一行或列,然后执行"编辑︱清除"菜单命令或按【Delete】键,整个行或列即从表格中消失。

（4）若要使用属性检查器添加或删除行或列,操作步骤如下:

① 选中该表格。

② 在属性检查器(执行"窗口︱属性"菜单命令)中,增加或减少"行数"值,Dreamweaver CS5 将在表格的底部添加或删除行;增加或减少"列数"值,Dreamweaver CS5 将在表格的右边添加或删除列。需要注意的是,当删除包含数据的行和列时,Dreamweaver CS5 不发出警告。

5.4.5 拆分、合并单元格

在 Dreamweaver CS5 中,通过对单元格的合并和拆分可以生成各种各样的表格。

1. 合并单元格

合并单元格的操作步骤如下:

① 选中要合并的单元格,必须是相邻的单元格,如图5.11所示。

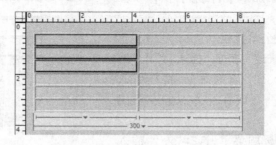

图 5.11　选中要合并的单元格

② 执行"修改|表格"菜单命令,在弹出的子菜单中选择"合并单元格"项,即可合并单元项;选中要合并的单元格并右击,在弹出的快捷菜单中选择"表格|合并单元格"项,也可合并单元格;选中要合并的单元格后,在"属性"面板中单击"合并所选单元格,使用跨度"按钮,也可合并单元格。"合并单元格"属性面板如图 5.12 所示。

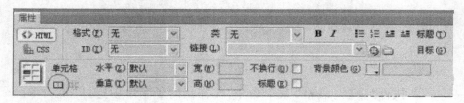

图 5.12 "合并单元格"属性面板

合并单元格后的效果如图 5.13 所示。

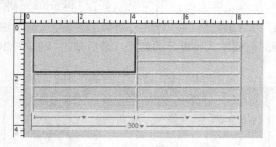

图 5.13 合并单元格后的效果

在"代码"视图中可以查看源代码:

```
< table width = "300" border = "1" >
    < tr >
        < td rowspan = "3" >   < /td >
        < td >   < /td >
    < /tr >
    ……
    < /table >
```

2．拆分单元格

拆分单元格的操作步骤如下:

① 选中一个单元格,如图 5.14 所示。

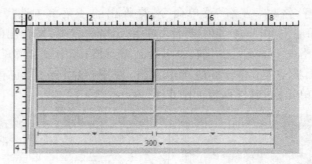

图 5.14　选中一个单元格

② 执行"修改|表格"菜单命令,在弹出的子菜单中选择"拆分单元格"项即可拆分单元格;选中要拆分的单元格并右击,在弹出的快捷菜单中选择"拆分单元格"项也可拆分单元格;选中要拆分的单元格后,在"属性"面板中单击"拆分单元格为行或列"按钮,弹出"拆分单元格"对话框(如图5.15 所示),在"拆分单元格"对话框中,如果选择"行",就要输入要拆分的行数;如果选择"列"就要输入要拆分的列数。最后单击"确定"按钮,单元格拆分成功。

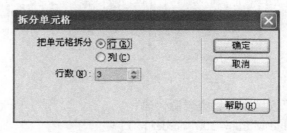

图 5.15　"拆分单元格"对话框

5.4.6　像素细线表格的制作

在 Dreamweaver CS5 中插入一个表格,尽管设置边框为 1 像素,表格的边框还是显得比较粗,看起来并不像是 1 像素的表格线,视觉效果不佳。为了获得 1 像素细线表格效果,可以采用以下方法进行制作。

(1) 通过颜色来实现,操作步骤如下:

① 按一般方法插入表格,设置间距为 1 像素,边框为 0 像素。

② 设置表格颜色为黑色。

③ 选定表格所有单元格，设置颜色为白色，如图 5.16 所示。

图 5.16　细线表格效果

（2）通过设置 style 属性实现，操作步骤如下：

① 插入表格，设置边框为 1 像素。

② 切换到代码视图，在表格的标签中增加 style = ″border-collapse：collapse″，参考如下：

> < table width = ″400″ border = ″1″ cellpadding = ″0″ cellspacing = ″0″ style = ″border-collapse：collapse″ >

此时，在设计视图中仍显示为粗线边框，但预览可看到细线表格。

5.4.7　立体表格特效

通过设置表格标签 Table 的两个属性 borderColorDark（边框暗影）、borderColorLight（边框亮影），并加上适当背景 bgcolor，就可以制作出三维立体表格表格。

（1）插入表格，设置边框为 5，间距为 0。

（2）打开代码视图，修改 Table 标签，增加 borderColorLight，boderColorDark，bgcolor 3 个颜色值，参考如下：

> < table width = ″400″ border = ″5″ cellpadding = ″0″ cellspacing = ″0″ borderColorLight = #ffffff borderColorDark = #000000 bgcolor = ″#A7D2E2″ >

预览效果如图 5.17 所示。

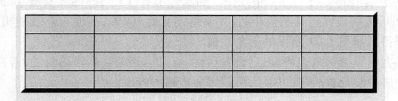

图 5.17　立体表格效果 1

（3）将代码改为：

< TABLE cellSpacing = 4 bgcolor = ″#A7D2E2″ borderColorDark = # ffffff cellPadding = 0 width = 400 borderColorLight = #000000 border = 4 >

预览效果如图 5.18 所示。

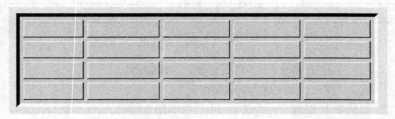

图 5.18 　立体表格效果 2

5.4.8　圆角表格的制作

在 Dreamweaver CS5 中并无直接的圆角表格,但在网页设计中,设计者常常喜欢用一些圆角表格以获得布局表现上的特别感觉。想要获得圆角表格效果,常通过圆角图形来实现,具体操作步骤如下:

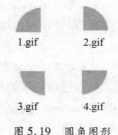

图 5.19 　圆角图形

① 使用 Photoshop 等软件,制作如图 5.19 所示的 4 个圆角图形。

② 插入 3 行 3 列表格,并将边框、边距、间距均设为 0。

③ 在表格 4 个角的单元格,分别插入 1. gif,2. gif,3. gif,4. gif,并调整单元格的大小与圆角图表一致,如图 5.20 所示。

④ 第 1 行第 2 列、第 3 行第 2 列均使用与圆角图形相同的颜色进行填充。

⑤ 合并第 2 行的 3 个单元格。插入一个 1 行 1 列的内嵌表格,设置边框为 1,表格线颜色与圆角相同,并调整宽度为 100%,高度与外表格相同,即可得到如图 5.21 所示的圆角表格。

在网页中插入表格,通过设置属性,可以达到编辑表格的目的;若在代码中进一步设置表格的属性,可以增强表格的效果。

图 5.20　圆角表格设置　　　　　　　　图 5.21　圆角表格设置效果

5.4.9　制作实例

图 5.22 所示是一个使用表格制作页面的实例。

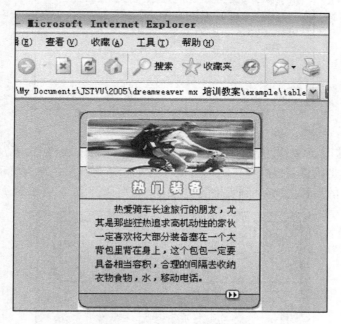

图 5.22　使用表格制作的页面实例

这幅页面的排版格式,仅用对齐方式是无法实现的,因此需要用到表格。它实际上是用 4 行 1 列的表格制作而成的。

①　在"插入 | 常用"面板中单击"表格"按钮或在"插入"菜单中选"表格"命令,系统将弹出"表格"对话框,如图 5.23 所示。在行数栏填"4",列数栏填入"1",其余的参数都保留其默认值。

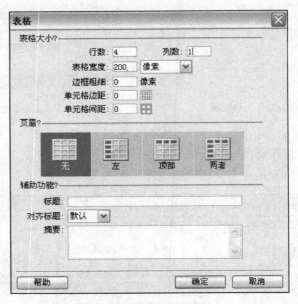

图 5.23　"表格"对话框

② 这时，在编辑视图界面中就生成了一个表格。表格右、下及右下角的黑色点是调整表格高和宽的调整柄。当光标移动到黑色点上就可以分别调整表格的高和宽，移动到表格的边框线上也可以调整，如图 5.24 所示。

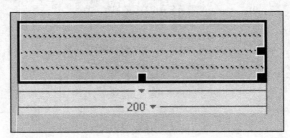

图 5.24　表格调整界面

③ 单击第一行单元格，然后插入图片。如果需要调整单元格的大小，只需要将光标移动到边框上进行拖拽即可。

④ 在下面的 3 行单元格内分别插入图片和文本，页面的基本样子有了。

⑤ 光标移动到表格的边框上单击，表格周围出现调整框，表示选中整张表格。然后，在属性面板中的"对齐"栏中选择"居中对齐"选项。

这样一个符合要求的页面就在表格的帮助下设计完成了。

5.5 导入表格式数据

传统数据通常都基于 Word, Excel 或者 TXT 等, 内容可能会比较多, 也比较杂, 如果将它们手工输入 Dreamweaver CS5 中再使用表格重新编制相当麻烦。那么有什么好的方法可以解决这个问题呢?

答案是使用 Dreamweaver CS5 中的"表格式数据"命令完成数据转变, 该命令大大减轻了处理表格式信息的工作量。图 5.25 所示为将要导入 Dreamweaver CS5 中的表格式数据文件。

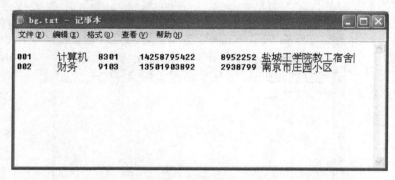

图 5.25 表格式数据文件

执行"文件│导入│表格式数据"菜单命令, 弹出"导入表格式数据"对话框, 如图 5.26 所示。

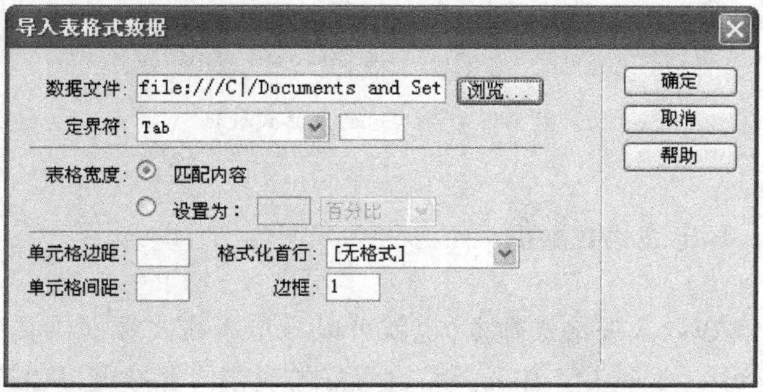

图 5.26 "导入表格式数据"对话框

通过"数据文件"文本框后面的"浏览"按钮可以对需要导入的文件进行选择,然后从"定界符"下拉列表框中选择分隔符,如 Tab、逗点、分号、引号。当然这是一些比较常见的分隔符,对于一些比较特殊的分隔符,可以在"定界符"下拉列表框中选择"其他"选项进行设置。这里将定界符项设置为"Tab"。

另外,该对话框还能够对表格的宽度进行设置。将"表格宽度"栏中的"设置为"单选按钮选中,就可以在其后面的文本框中输入自定义的宽度,并对宽度像素类型或百分比类型进行选择。

最后对单元格的边距、间距以及边框宽度进行设置,设置完毕后单击"确定"按钮即可将需要批量导入的文件按照用户的设置导入。图 5.27 所示为导入后的表格式数据。

图 5.27　导入后的表格式数据

5.6　导出表格式数据

用户可以导入表格式数据,也就可以导出表格式数据供其他软件使用。在 Dreamweaver CS5 中若要将设置好的表格内容导出,只需选择需要导出的表格,然后执行"文件｜导出｜表格"菜单命令,就会跳出"导出表格"对话框,如图 5.28 所示。

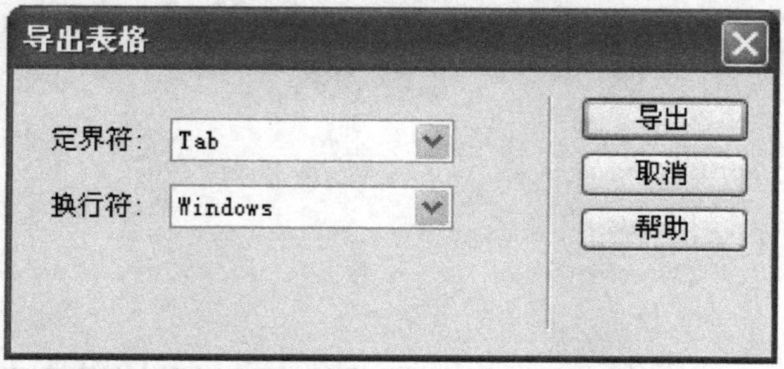

图 5.28 "导出表格"对话框

从图 5.28 中可以看出,导出表格的设置相对于导入表格的设置要简便一些。将"定界符"和"换行符"设置完毕,就可以单击"导出"按钮,在弹出的"表格导出为"对话框中选择好文件的保存位置,并对其进行命名,如图 5.29 所示。

图 5.29 "表格导出为"对话框

保存完毕后,到刚才保存的目录下,就能找到命名好的相关文件了。此时文件的后缀名为".csv",用户可以使用记事本的方式将其打开查看,也可以使用 Excel 打开。图 5.30 所示导出的是纯文本的表格数据。

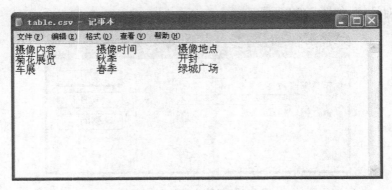

图 5.30 导出的表格数据

5.7 扩展表格模式

通常表格是在"标准"模式下直接插入的,其最初的用途是显示表格式数据。虽然它也能任意改变大小和行列,但在页面中编辑表格和表格中的数据并不方便。Dreamweaver CS5 中的扩展表格模式可以临时向文档中的所有表格添加单元格边距和间距,并且增加表格的边框,使编辑操作更加容易。

下面通过一个简单实例演示切换到表格的"扩展"模式下的具体操作步骤。

① 由于在"代码"视图下无法切换到表格的"扩展"模式,因此应先将当前文档窗口的视图切换到"设计"视图或者"拆分"视图。

② 在文档窗口插入一个表格,如图 5.31 所示。

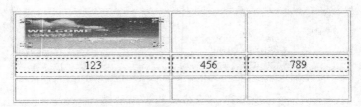

图 5.31 标准模式下的表格

③ 选择以下操作之一:

● 执行"查看|表格模式|扩展表格模式"菜单命令。

- 按下【Alt】+【F6】快捷组合键。
- 在"插入"面板的"布局"类型中，单击"扩展"按钮，如图 5.32 所示。

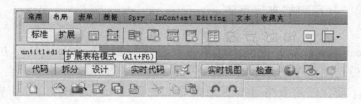

图 5.32　切换到扩展模式

此时，文档窗口的顶部会出现标有"扩展表格模式"的条，且文档窗口工作区中的所有表格自动添加单元格边框与间距，并增加表格边框，如图 5.33 所示。

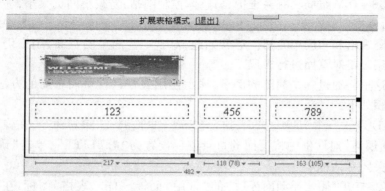

图 5.33　表格的扩展模式

利用扩展模式可以选择表格中的项目或者精确地放置插入点。例如，可以将插入点放置在图像的左边或者右边，从而避免无意中选中该图像或者表格单元格。

> **注意**：一旦做出选择或者放置插入点，就应该回到"设计"视图的"标准"模式下进行编辑，诸如调整大小之类的一些可视操作在"扩展表格"模式下不会产生预期效果。

如果要退出扩展表格模式，可以单击文档窗口顶部"扩展表格模式"右侧的"退出"按钮，或者执行"查看｜表格模式｜标准模式"菜单命令，或者按下【Alt】+【F6】快捷组合键。

5.8　利用表格布局页面

Dreamweaver CS5 提供了对 Web 页面进行布局的多种不同的方法,利用表格设计网页布局是常用方法之一。

为了简化使用表格进行页面布局的过程,Dreamweaver CS5 以前的版本中提供了布局表格。布局表格是在布局模式下插入的,可以嵌套,可以将布局单元格移动到所需的位置,还可以方便地创建固定宽度的布局和自动伸展为整个浏览器窗口宽度的布局,但使用布局表格会产生大量代码。

目前 CSS + DIV 布局已经被大多数主流网站所认可,与表格布局相比,CSS + DIV 布局具有易维护,易整体控制网站,易减小网页大小,易节省流量,易推广等优势。因此,Adobe 在最新推出的 Dreamweaver CS5 中删去了布局表格和布局单元格。尽管如此,对于一些简单的页面,用户仍然可以利用表格对页面进行布局。

这里将通过一个简单的例子,演示使用表格进行页面布局的方法,操作步骤如下:

① 新建一个 HTML 页面,执行"修改|页面属性"菜单命令,在弹出的"页面属性"对话框中将页面的背景颜色设置为"#EFEFEF",单击"确定"按钮关闭对话框。

② 打开"插入浮动面板"中的"常用"面板,单击"表格"图标,在弹出的对话框中设置表格的行为 1,列为 2,宽为 800 像素,然后单击"确定"按钮插入表格。

③ 选中表格,在"属性"面板上的"对齐"下拉列表中选择"居中对齐",使表格在页面居中。

④ 选中第 1 行第 1 列的单元格,在属性面板上设置其宽度为 200 像素,然后执行"插入|图像"菜单命令,在第 1 行第 1 列插入一张图片,效果如图 5.34 所示。

⑤ 将光标定位在第 1 行第 2 列的单元格中,单击"属性"面板上的"拆分单元格"按钮,在弹出的对话框中将单元格拆分为 5 行 1 列。

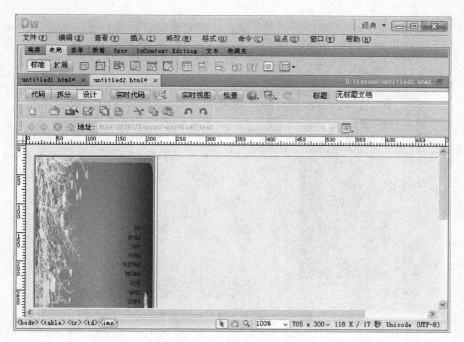

图 5.34　在单元格中插入图片 1

⑥ 将光标定位在拆分后的第 1 行单元格中,输入文本"Welcome",并在"属性"面板上设置其格式为"标题 1",单元格水平对齐方式为"居中对齐"。

⑦ 将光标定位在拆分后的第 2 行单元格中,输入文本"财经",并在"属性"面板上设置其单元格水平对齐方式为"左对齐"。

⑧ 将光标定位在拆分后的第 3 行单元格中,单击"属性"面板上的"拆分单元格"按钮,在弹出的对话框中将单元格拆分为两列。在拆分后的第 1 列单元格中插入一幅图片,此时的效果如图 5.35 所示。

⑨ 将光标定位在拆分后的第 3 行第 2 列的单元格中,执行"插入│表格"菜单命令,插入一个 7 行 4 列的表格,并在"属性"面板上设置其宽度为 330 像素,边框粗细为 0。

⑩ 将嵌套表格的第 3 行单元格合并为 1 列,然后在其他单元格中输入文本,并添加链接,此时的效果如图 5.36 所示。

图 5.35　在单元格中插入图片 2

图 5.36　最终页面效果

⑪ 同理,在其他两行单元格中插入相应的内容,保存页面,按【F12】键即可在浏览器中预览页面效果。

本章小结

本章介绍了在 Dreamweaver CS5 环境下创建和使用表格的方法,包括表格的创建、编辑、嵌套、属性的设置,以及使用表格布局页面等内容。通过本章的学习,应该掌握表格的基本操作方法,并且能够利用表格进行网页的布局,有条理地组织网页中的各种对象。

[**实例5.1**]

实例说明：制作音乐欣赏网页。

实例分析：结合网页中创建表格以及表格的基本操作，制作一个音乐欣赏网页。

操作步骤：

① 新建一个网页文档，执行"插入｜表格"菜单命令，在弹出的"表格"对话框的"行数"文本框中输入3，在"列"文本框中出输入3，表格宽度设置为100%，边框粗细设置为1像素，其他项为默认设置，如实例图5.1所示。

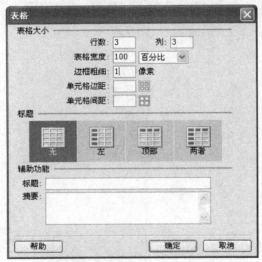

实例图5.1 "表格"对话框

② 单击"确定"按钮，在文档中插入一个3行3列的表格，如实例图5.2所示。

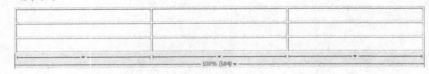

实例图5.2 插入一个3行3列的表格

③ 将光标置于表格的第 1 行第 1 列中,执行"插入|图像"菜单命令,在弹出的"选择源图像"对话框中选择一张图片,单击"确定"按钮,在此单元格中插入一个图像,如实例图 5.3 所示。

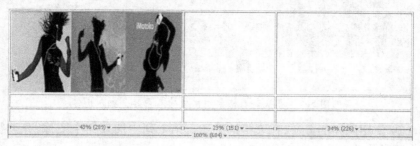

实例图 5.3　在单元格中插入图像

④ 重复操作③,在表格的第 1 行第 3 列单元格中也插入一个图像。

⑤ 将光标置于表格的第 1 列第 2 列中,在下方的"属性"面板中设置背景颜色,然后在其中输入文字,并设置文字效果,得到如实例图 5.4 所示的效果。

实例图 5.4　在单元格中插入图像并输入文字

⑥ 选中表格第 2 行的所有单元格右击,并在弹出的快捷菜单中执行"表格|合并单元格"菜单命令,将此行合并为一个单元格。

⑦ 将鼠标置于合并的单元格中,执行"插入|表格"菜单命令,插入一个 1 行 6 列的嵌套表格,如实例图 5.5 所示。

实例图 5.5　插入嵌套表格

⑧ 在嵌套表格的各个单元格中分别输入文本内容,并在"属性"面板

中设置其字体、大小及颜色等,然后为每个单元格匹配合适的图像,并将其背景设置为淡黄色,以丰富页面效果。设置效果如实例图5.6所示。

实例图5.6 在嵌套表格单元格中输入内容并插入图像

⑨ 使用同样的方法,在表格的第3行第1列中插入一个图像,并调整至合适的大小。

⑩ 在表格的第3行第2列中右击,在弹出的快捷菜单中选择"拆分单元格"项,然后在弹出的"拆分单元格"对话框的"把单元格拆分"选项组中选中"行"单选按钮,设置行数为"2",如实例图5.7所示。

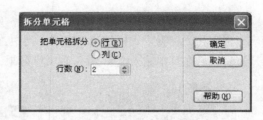

实例图5.7 "拆分单元格"对话框

⑪ 单击"确定"按钮,即可将此单元格拆分为2行,效果如图5.8所示。

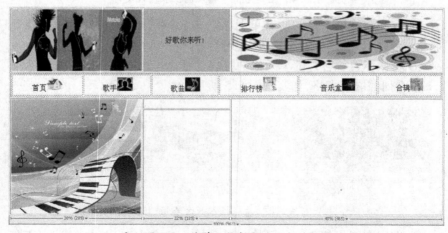

实例图5.8 将单元格拆分为2行的效果

⑫ 分别在这两行中输入文本内容,并在"属性"面板中设置属性。同样,将表格的第 3 行第 3 列也拆分为两行的效果,在其中的第 2 行中插入一个 2 行 3 列的嵌套表格。在嵌套表格的各个单元格中输入文字并插入图像,得到丰富多彩的页面效果。

网页最终效果如实例图 5.9 所示。

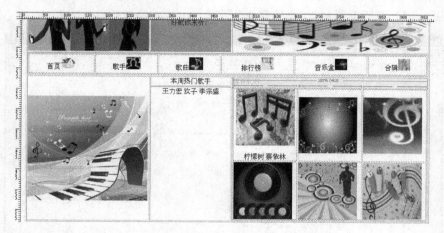

实例图 5.9   网页最终效果

思考与练习

1. 填空题

(1) 组成表格的最小单位是_____。

(2) 在表格的"属性"面板中,"填充"表示_____,"间距"表示_____。

(3) 设置表格宽度的单位有"像素"和_____。

2. 问答题

(1) 选择整个表格与选择表格所有单元格有何不同?

(2) 如何添加或者删除表格的行与列?

(3) 表格边框的属性 borderColorDark , borderColorLight 的作用分别是什么? 如何利用这两个属性制作三维立体表格?

3．上机操作题

（1）在 Dreamweaver CS5 环境下，应用网页布局表格的知识设计一个网页，要求在网页中插入 7 行 6 列、宽度为 100% 的表格，并分别在相关单元格中填充文字、图像、动画等对象。同时，练习选取表格、选取其中 1 行或者 1 列、选取某一单元格或者几个单元格的操作。

（2）参照下图制作"网上购物"网页。

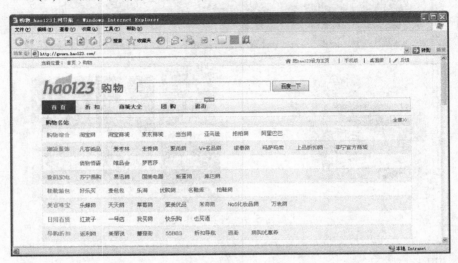

第6章　AP元素和框架

本章将介绍网页中的 AP 元素以及框架。其中,AP 元素内容包括 AP 元素的创建、AP 元素的属性设置、AP 元素的管理、AP 元素的操作、实现 AP 元素与表格之间的相互转化以及显示与隐藏 AP 元素。框架内容包括框架的创建、框架的基本操作、框架和框架集的属性设置、框架背景设置、框架和框架集文件的保存、使用链接控制框架的内容及框架的实际应用等。

6.1　初识 AP 元素

6.1.1　AP 元素概述

AP 元素是 Dreamweaver CS5 中最具价值的对象之一。所谓 AP 元素,其实就是绝对定位元素,是由层叠样式表发展而来的,分配有绝对位置的 HTML 页面元素,提供了一种对网页对象进行有效控制的手段。AP 元素可以包含文本、图像、表单、插件,甚至其他 AP 元素。也就是说,在 HTML 文档的正文部分可以放置的元素都可以放入 AP 元素中。利用表格来对页面进行排版非常方便,但如果需要在文字上放一些图片之类的应用,表格就不能胜任了,这时就需要用 AP 元素来排版。由于 AP 元素可以放置在网页中的任何位置,从而能有效地控制网页中的对象。

在 Dreamweaver CS5 中 AP 元素可以方便地转换成表格。有时比较大的图片需分割后再插入网页,这时用 Dreamweaver CS5 的 AP 元素转换功能进行排版就事半功倍了。利用 Dreamweaver CS5,可以在不进行任何 JavaScript 或者 HTML 编码的情况下放置 AP 元素和制作 AP 元素动画;可以将 AP 元素前后放置,隐藏某些 AP 元素而显示其他 AP 元素,以及在屏幕上移动 AP 元素;可以在一个 AP 元素中放置背景图像,然后在背景图像的前面放置第 2 个 AP 元素,它包含带有透明背景的文本,从而制作出 AP 元素渐进和渐出的动画。

Dreamweaver CS5 中 AP 元素的优点如下：

（1）定位精确。插入一个 AP 元素后，可以方便地在属性设置面板中定义其大小及在页面中的绝对坐标，并且 AP 元素与 AP 元素之间的定位也相当精确，几乎可以不通过属性栏直接用眼观看。

（2）插入自如。在页面的某处插入一段话或者一幅图片，如果用表格来实现，可能会将表格拆分得乱七八糟，最后还可能因定位不好，使得在浏览器中的预览效果不尽如人意。如果用 AP 元素就方便多了，随便画一个 AP 元素，在其中插入所需网页对象，然后拖到安放的地方即可，绝对精确。

（3）加速浏览。在利用表格制作网页的过程中，为了完成图片、文字之间的精确定位，往往先将表格制得很大，然后拆成各个单元格或将表格进行嵌套，通过在各个单元中插入图片或者文字来实现网页制作。然而在 IE 浏览器中，一个表格只有完全被下载后，才能显示其内容，如果这个表格很大，则往往要让浏览者等上半天，才能显示出一大屏的内容来。用表格制作网页时还可能遇到这样的问题：在 IE4 中浏览效果很好，可在 IE5 中版面就一团糟；要么在 IE5 中浏览很好，在 IE4 中就变乱了。而运用 AP 元素制作的网页，定位很精确，使用不同版本的浏览器浏览网页内容时不会出现上述问题。

（4）可叠加性。表格是不能叠加的，而 AP 元素可以叠加，并且后创建的 AP 元素会覆盖先创建的 AP 元素。利用这一特性，可以实现各种微妙的效果，例如，在各个 AP 元素中插入不同的图片，然后叠加起来。AP 元素中还可以插入表格，若将 AP 元素与表格综合利用，可更好地实现图文混排。

6.1.2 "AP 元素"面板

Dreamweaver CS5 中的 AP 元素显示在 AP 面板中，通过"AP 元素"面板可以对它们进行选择、命名和删除等操作。执行"窗口｜AP 元素"菜单命令或按【F2】键可以打开"AP 元素"面板，如图 6.1 所示。

名称：单击名称，编辑窗口内该层即被选中。

索引值（Z 值）：如果以 X 轴与 Y 轴定

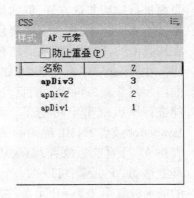

图 6.1 "AP 元素"面板

义一个平面网页,那么 AP 元素就是具有某 Z 轴值的网页内容,即具有上下的叠放顺序。当两个或两个以上的 AP 元素重叠时,Z 值小的在下面,Z 值大的在上面,上面的 AP 元素通常会遮盖下面的 AP 元素。

在 Dreamweaver CS5 中可以使用层来设计页面的布局,可以将层前后放置,隐藏某些层而显示其他层,或在屏幕上移动层。如果要确保网页的兼容性,可以在使用层制定网页布局后,将层转换为表格。

6.2 AP 元素的创建

6.2.1 插入层

插入层的方法有如下 3 种。

方法 1:将鼠标指针移到"插入"面板的"绘制 AP Div"按钮,按住鼠标左键拖动,移动鼠标指针到设计视图中释放鼠标,新建一个层,如图 6.2 所示。

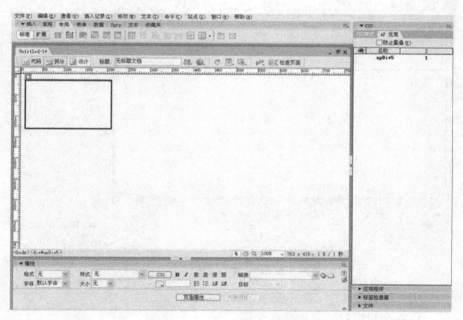

图 6.2　拖动法创建层

方法 2:执行"插入记录|布局对象|AP Div"菜单命令。

方法3:先单击“插入”面板的“绘制 AP Div”按钮,然后移动鼠标指针到设计视图中,按住鼠标并拖动,绘制出一个矩形的层。

6.2.2 建立嵌套层

建立嵌套层的方法有如下2种。

方法1:在一个层内建立其他层。

① 按6.2.1节中介绍的方法,插入一个层 apDiv1。

② 在层 apDiv1 内单击鼠标,执行“插入记录│布局对象│Div 标签”菜单命令,完成层的插入,或拖动“插入”面板的“绘制 AP Div”按钮到设计视图中的 apDiv1 范围内释放鼠标。执行完插入层操作后,AP 元素面板中将显示两个层之间的关系,如图6.3所示。

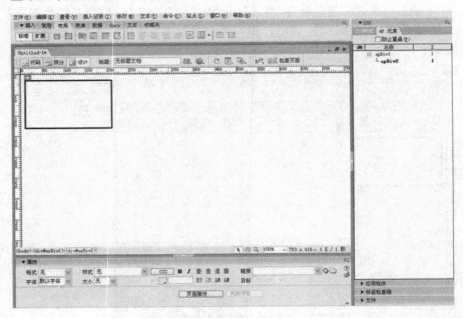

图6.3 建立嵌套层

方法2:利用 AP 元素面板建立嵌套关系。

① 在编辑窗口随意创建两个层。

② 在 AP 元素面板中单击选取层 apDiv2,按住【Ctrl】键并拖动鼠标至层 apDiv1。

要解除嵌套关系时,只要在 AP 元素面板中将嵌套关系的子层拖至母层的上方即可。

> **注意:**只有嵌套关系的子层会随母层的某些属性的改变而改变,如移动母层,子层会同时移动,但母层不会因子层改变而变化。嵌套关系之外的各层之间相互独立,互不影响,但层与层之间的先后顺序是可调的。

6.3 AP 元素的相关操作

6.3.1 AP 元素的属性设置

单击层的边框或单击"AP 元素"面板中目标层的名称可以选取层,"属性"面板中显示当前层的各项属性,可以在"属性"面板中设置这些属性,如图6.4 所示。

图 6.4 层的"属性"面板

层编号:即层名称,一方面可以实现脚本语言中对层的引用,另一方面可区别层。各层会按建立顺序,以默认 apDiv1,apDiv2,apDiv3,……方式命名。在"属性"面板中可以为层设置任何英文名称。

左:在该文本框中指定 AP 元素的左边框相对于页面或者父 AP 元素左边框的位置。在文本框中可以直接输入具体的数值,并使用 px(像素)、pt(点)、pc(十二点活字)、in(英寸)、mm(毫米)、cm(厘米)或者%(在父对象中所占的百分比)等计量单位。系统默认的计量单位为像素。

上:在该文本框中指定 AP 元素顶部边框与页面或者父 AP 元素的距离。在文本框中可以直接输入具体的数值,计量单位同"左"文本框。

宽、高:在这两个文本框中指定 AP 元素的宽度和高度。如果 AP 元素的内容超过指定大小,AP 元素的底边缘会延伸以容纳这些内容。当 AP 元素在浏览器中出现时,如果 AP 元素的"溢出"属性没有设置为"visible",那么底边缘将不会延伸,超出的那部分内容将自动被剪切掉。高度和宽度的计量单位同"左"文本框。

Z轴:指定层的索引值。Z值小的层在下面,Z值大的层在上面。

可见性:设置初始状态下该层是否可见,有默认、继承、可见、隐藏4个选项。

背景图像:设置层的背景图像。

背景颜色:设置层的背景颜色。

溢出:用于设置当层中放置的内容超出层的边界时,如何显示、改变层的大小以使全部内容可见,或者保持层的大小不变而裁掉超出部分,或者添加滚动条以显示超出部分等。

剪辑:指定层内的可见区域,分别在左、右、上、下框中输入数值。

AP元素经过"剪辑"后,只有指定的矩形区域才是可见的。这些值都是相对于AP元素本身的,不是相对于文档窗口或者其他对象的。

6.3.2　AP元素的移动与对齐

在文档窗口中要移动一个AP元素,可以执行以下操作之一:

● 先选择一个AP元素,然后在该AP元素的选择手柄上按下鼠标左键并拖动鼠标,便可移动AP元素;也可以选中AP元素后按键盘上的方向键一个像素一个像素地移动AP元素。

● 将鼠标指针移动到需要移动AP元素的边框位置,鼠标指针形状变为四向箭头时,按住鼠标左键并拖动鼠标,便可移动AP元素。

● 在设计视图中选中要移动的AP元素,在AP元素属性设置面板中直接设置"左"、"上"的数值。

当文档窗口中有多个AP元素时,可以使用对齐命令使多个AP元素对齐,操作方法如下:

① 在文档窗口中选择需要对齐的AP元素。

② 执行"修改│排列顺序"子菜单下的"左对齐"、"右对齐"、"对齐上缘"或者"对齐下缘"命令。

对图6.5中的AP元素执行"上对齐"命令后的效果如图6.6所示。

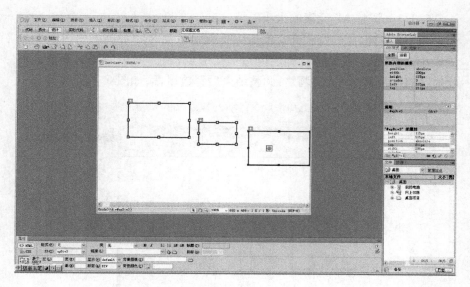

图 6.5　AP 元素对齐前

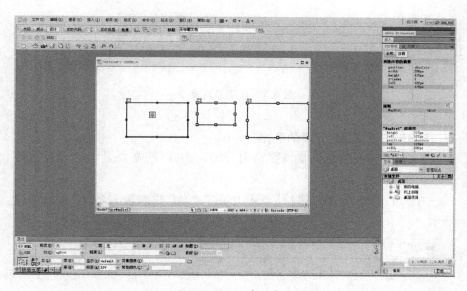

图 6.6　AP 元素对齐后

6.3.3 调整 AP 元素的大小

在"属性"面板的宽和高文本框中直接输入层宽和层高的值可改变层的大小，或者移动鼠标指针到层的边框变形点，当鼠标指针变为双箭头形状时，按住鼠标左键拖动调整，调整结束后释放鼠标，如图6.7所示。

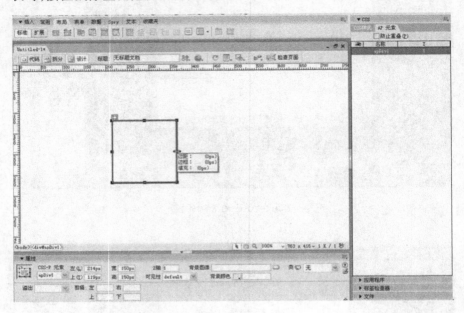

图6.7 改变层的大小

6.3.4 改变 AP 元素的顺序

改变层的顺序，也就是调整索引值的大小，可使需要显示的内容完整显示出来。

方法1：选取层，在"属性"面板中的"Z 轴"栏内输入数值，如图6.8所示。

图6.8 用方法1改变层的顺序

方法 2:单击相应层的 Z 列数值,输入新的数字,如图 6.9 所示。

方法 3:鼠标指针指向层名称,按住左键拖动鼠标至目标位置,Z 值也会自动调整,如图 6.10 所示。

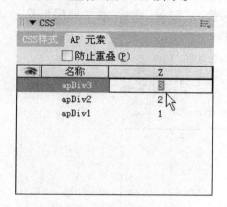 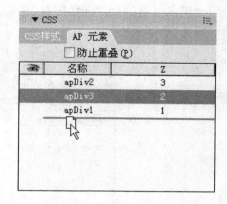

图 6.9　用方法 2 改变层的顺序　　　图 6.10　用方法 3 改变层的顺序

6.3.5　控制 AP 元素的可见性

通过控制层的可见性能制作出许多互动效果。另外,编辑重叠在一起的层时,通常需要将上面的层隐藏,使目标编辑层显露出来。

1. 通过"属性"面板控制层的可见性

选择需要控制其可见性的层,单击"属性"面板"可见性"右侧的下拉箭头,在下拉列表中选择所需选项即可,如图 6.11 所示。

图 6.11　层的"可见性"设置

"可见性"下拉列表中各项含义如下:

default:按照浏览器默认方式控制层的可见性。大多数浏览器都会以 inherit 方式控制层的可见性。

inherit:继承母层的可见性。

visible:总是显示该层的内容,不管母层是否可见。

hidden：总是隐藏该层的内容，不管母层是否可见。

2．使用"AP 元素"面板控制层的可见性

单击"AP 元素"面板中层名称前的空白处，层前显示"闭眼"图标，表示此层不可见；单击层前"闭眼"图标，转换为"睁眼"图标，表示此层可见，如图 6.12 所示。

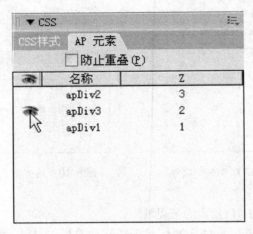

图 6.12　使用"AP 元素"面板控制层的可见性

6.3.6　内容溢出层的控制

当层中放置的内容超出层的边界时，可以通过设置溢出属性来控制层中内容的显示范围。操作实例如下：

① 新建 HTML 文档，插入 3 个等大的层。

② 单击第一个层，然后执行"插入｜图像"菜单命令，依次为 3 个层插入相同的图像。

③ 显示"AP 元素"面板，单击"AP 元素"面板中的 apDiv1，打开层"属性"面板中的"溢出"菜单。"溢出"菜单中各项含义如下：

visible（可见）：自动扩大层，以完整显示其中的内容。

hidden（隐藏）：层的大小不变，超出层的部分不显示。

scroll（滚动）：无论层中内容是否超出层的边界，都会在层的右端、下端出现滚动条。

auto（自动）：只有当层中的内容超出层的边界时才出现滚动条。

选择"scroll visible"选项,如图 6.13 所示。

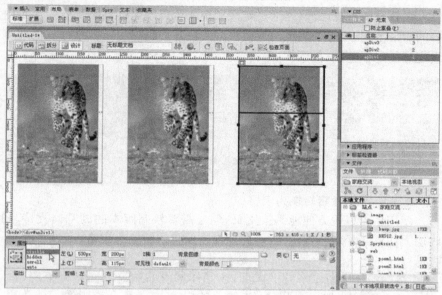

图 6.13　内容溢出层的控制

④ 重复前 3 步操作,分别设置 apDiv2,apDiv3 的溢出属性为"hidden",
"visible"。

⑤ 按【F12】键,预览网页,效果如图 6.14 所示。

图 6.14　效果预览

6.3.7　设置层的可见区域

设置层的可见区域,是通过定义层中 4 个点的坐标划出层中要显示内容的矩形范围,矩形外的层内容将被隐藏。在剪辑栏中输入目标数值即可设定层的显示范围,如图 6.15 所示。

图 6.15　设置层的可见区域

6.3.8　AP 元素转换为表格

使用层可以更方便地编排网页,但层需要较高版本的浏览器支持,同时层无法使用相对位置定位,因此经常需要将层转换为表格。

> **注意:** 在层向表格转换之前,应确保网页的各层之间没有重叠,否则将无法转换。如果网页中存在重叠的层,应将其移开或删除。

执行“修改│转换│将 AP Div 转换为表格”菜单命令即可将层转化为表格,如图 6.16 所示。

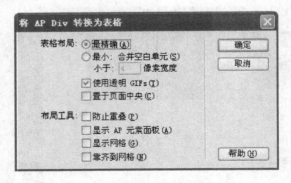

图 6.16　将层转换为表格

表格布局栏中各项含义如下:

“最精确”单选按钮:选此单选项,将以最精确的方式进行转换。

“最小:合并空白单元;小于:X 像素宽度”单选按钮:选此单选项,转换时忽略 X 个像素的误差,将少于 X 个像素宽的层转换为相邻的单元格。

"使用透明 GIFs(T)"复选框:勾选此复选框,转换后的表格的最后一行用透明图像填充,以适应更多的浏览器。

"置于页面中央"复选框:勾选此复选框,转换后的表格在页面居中。

布局工具栏中各选项表示转换为表格后继续使用层时可设置的参数。

6.4   初识框架

框架可以将文档窗口水平或者垂直地分成若干部分,以使用户能够一次浏览更多的内容。一般情况下,用户浏览网页需要不停地在文章内容和导航内容之间进行切换。但是,如果利用框架结构,把导航内容永远固定在页面的顶部或者右边,在任何时候,用户都可以直接选择顶部或者右边的导航内容,切换到想要浏览的内容。

前面已经介绍过如何使用表格来排列 Web 页面中的内容,但是如果页面中每一个超级链接打开时都链接到新的页面,无疑很不方便,而且一个站点中有很多东西是相关的。例如,每一页面都要有返回主页的超链接,每个页面必须具备网站的导航栏,这样浏览者才能自由地访问一个站点。如果这些内容都需要创建不同的文件,增大了工作量的同时,也浪费了宝贵的网络空间。而通过使用框架技术,这些问题都会得到解决。简单地说,框架功能就是将一个 Web 页面分成几个部分,其中每一个部分都是独立的,在一个框架中的超链接可以指定到目标框架,这样在打开超链接的时候,整个页面保持不变,而将链接的内容在目标框架中显示。

使用框架具有以下优点:① 访问者的浏览器不需要为每个页面重新加载与导航相关的图形。② 每个框架都可以具有自己的滚动条,因此访问者可以独立滚动这些框架。同时使用框架也有以下缺点:① 对导航进行测试可能很耗时间。② 各个带有框架的页面的 URL 不显示在浏览器中,因此访问者可能难以将特定页面设为书签。

6.5   框架的相关操作

6.5.1   插入预设框架集

预设的框架集让用户很容易就能从中选择想要创建的框架的类型。

预设框架集的图标位于"插入"浮动面板中的"布局"面板上，单击 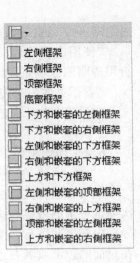 图标的下拉箭头，弹出"框架的类型"下拉菜单，如图6.17所示。

由图6.17可以看出，Dreamweaver CS5为用户提供了13种预定义框架集，它为每个可以应用于被选取文档的框架集提供了一个可视的代表图案。下面以一个实例来演示如何使用预设框架集创建网页。具体步骤如下：

① 激活"插入"浮动面板中的"布局"面板，单击 图标的下拉箭头，弹出"框架的类型"下拉菜单。

② 在预设的框架集中选取框架集，单击

图 6.17　预设框架集

图标右侧和嵌套的下方框架。这样，在文档窗口的设计视图中就出现了如图6.18所示的框架。

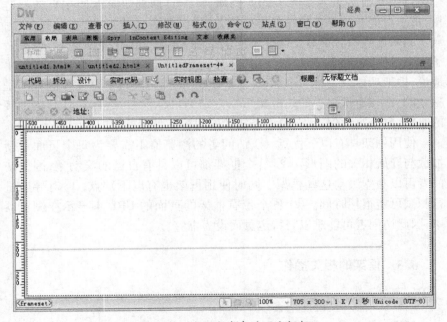

图 6.18　右侧和嵌套的下方框架

6.5.2 自建框架

自建框架的具体步骤如下：

① 在创建框架集或者处理框架前，先执行"查看｜可视化助理｜框架边框"菜单命令，使"框架边框"前打上勾号，这样就可以看到文档窗口中的框架边框了。框架边框显示出来后，文档窗口边框周围会加上一些空间，这给用户在文档中创建框架区域提供了一个可视觉化指示器，如图6.19所示，鼠标停留在边框上就会变成双向箭头。

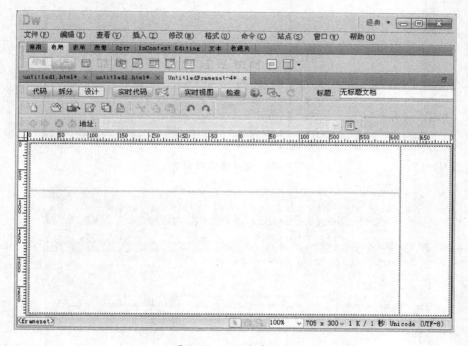

图 6.19　显示框架边框

② 在文档窗口中拖动左边的框架边框到中间位置，这时文档的设计视图如图 6.20 所示。

③ 在文档窗口中拖动底部的框架边框到中间位置，完成如图 6.21 所示的边框制作。

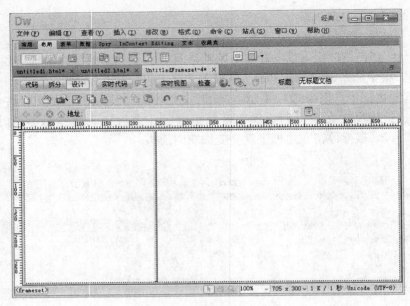

图 6.20　分成左右两框架

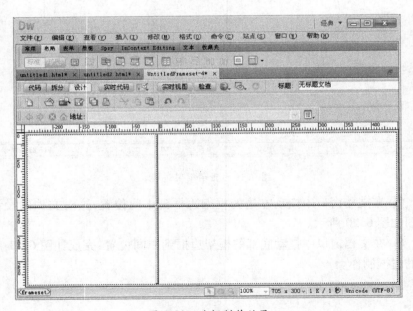

图 6.21　边框制作效果

6.5.3 创建嵌套框架集

框架集之内放入另一个框架集称为嵌套框架集。每个新创建的框架集都包括其自身框架集 HTML 文档和框架文档。大多数网页使用的框架实际上是嵌套框架，并且 Dreamweaver CS5 中的几个预设框架集也使用了嵌套框架。

创建一个嵌套框架集的过程很简单，只要选取一个框架，然后以这个框架为整体设置一个框架集就可以了。用户可使用 Dreamweaver CS5 自带的框架集，也可自行创建框架集。

自建框架集的具体步骤如下：

① 新建一个文档，执行"查看｜可视化助理｜框架边框"菜单命令，使文档窗口中的框架边框可见。

② 在文档窗口中拖动顶部的框架边框到中上部位置，这时文档的设计视图如图 6.22 所示。

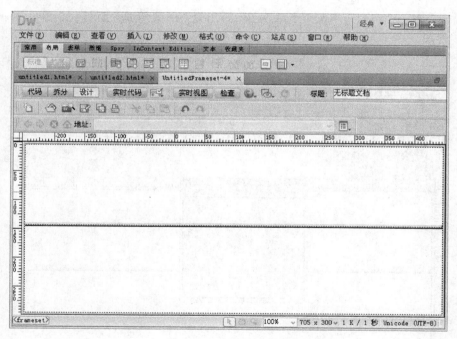

图 6.22　分成上下两框架

③ 把光标定位在下面的框架内，执行"修改｜框架页｜拆分左框架"菜单命令，这时在原框架中就出现了一个新的框架集，构成了嵌套框架结构。

6.5.4 选定框架或框架集

1. 选取整个框架

默认情况下,建立框架组时会自动选择整个框架作为操作对象,此时框架组中所有框架的边界都会被虚线包围。如果当前选择的是一个子框架,需要重新选择整个框架组时,可以执行以下操作之一:

● 将鼠标指针移动到某个边框位置,当鼠标指针变为水平双向箭头(左右边框)或者垂直双向箭头(上下边框)时,单击边框即可选中整个框架组。

● 将鼠标指针移动到第一次分割框架的位置,当鼠标指针变为水平双向箭头(左右边框)或者垂直双向箭头(上下边框)时,单击边框即可选中整个框架组。

2. 选择子框架

执行"窗口 | 框架"菜单命令,即出现"框架管理"面板,如图 6.23 所示。

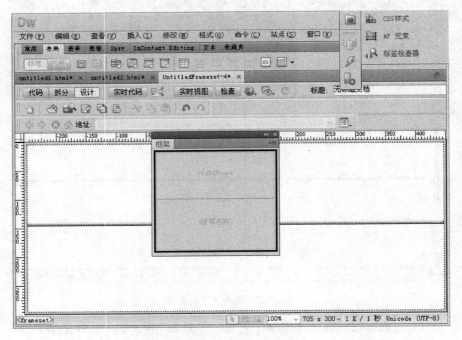

图 6.23 "框架管理"面板

在"框架管理"面板中单击需要选择的子框架的位置,或在文档窗口中按住【Alt】键,然后单击文档窗口中欲选择的子框架,当文档窗口中该子框架的周围被虚线包围时,表示该框架已经被选中。

3. 选择嵌套框架组

将鼠标指针移动到嵌套框架组中子框架公共的边框,当鼠标指针变为水平双向箭头(左右边框)或者垂直双向箭头(上下边框)时,单击边框即可选中嵌套框架组,此时文档窗口中嵌套框架组的周围被虚线包围,表示已经被选中。

6.5.5　框架的删除

删除框架的操作是比较特殊的,选中框架后按【Delete】键不能删除框架。

删除框架的方法如下:将光标放在框架的边框上,当光标变为上下箭头时按住鼠标左键,将框架的边框拖出父框架或者页面之外,即可将这个框架删除。如果熟悉 HTML 语言,也可以直接在文档的 HTML 代码中删除框架组。

6.5.6　保存框架和框架集文件

建立框架结构的文档时,由于每一个子框架代表一个单独的网页,因此在保存文件时,不但要保存整个文档的框架结构,也要保存各个子框架,否则框架中输入的内容会丢失。

框架和框架集的文件保存方法如下:

执行"文件 | 保存全部"菜单命令,则会弹出一个保存文件窗口,同时显示整个框架被选中的状态,如图 6.24 所示。

在弹出的保存文件窗口中输入文件名,然后单击"保存"按钮保存整个框架。接着,又会弹出下一个保存文件的窗口,现时文档窗口正要保存的文件所在的子框架被选中,在弹出的保存文件窗口中输入文件名,单击"保存"按钮保存该子框架。这样可以保存多个子框架,如果有 n 个框架,就必须保存 $n+1$ 个文件。

如果执行"文件 | 保存框架"菜单命令,或是执行"文件 | 框架另存为"菜单命令,则只会保存整个框架文件。不过在最后退出时,会弹出对话框询问是否保存各个子框架的内容。

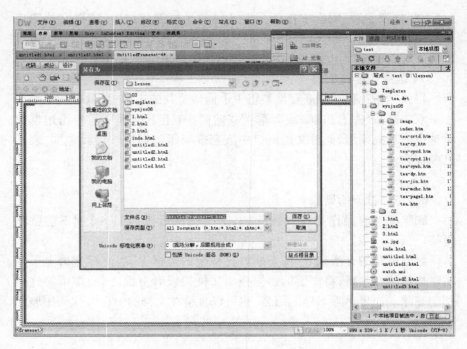

图 6.24　保存整个框架的显示

6.5.7　使用链接控制框架的内容

采用框架结构,一方面可以在同一窗口中同时显示多个文件,另一方面可以采用导航条技术方便地实现各文件之间的切换。要在一个框架中使用链接以打开另一个框架中的文档资料,必须设置链接目标。链接的"目标"属性指定在其中打开的链接内容的框架或者窗口。例如,导航条位于左框架,并且希望链接的材料显示在右侧的主要内容框架中,则必须将主要内容框架的名称指定为每个导航条链接的目标。当访问者单击导航链接时,将在主框架中打开指定的内容。

要选择将在其中打开文件的框架,请使用属性检查器中的"目标"弹出式菜单。

若要设置目标框架,请执行以下操作:

① 在设计视图中,选择文本或者对象。

② 在属性检查器的"链接"域中单击文件夹图标并选择要链接到的

文件。

③ 在"目标"弹出式菜单中,选择链接的文档应在其中显示的框架或者窗口。

如果在属性检查器中命名了框架,则框架名称将出现在此菜单中。选择一个命名框架以打开该框架中链接的文档。

"目标"下拉列表的各选项功能如下:

_blank:在新的浏览器窗口中打开链接的文档,同时保持当前窗口不变。

_parent:在显示链接的框架的父框架集中打开链接的文档,同时替换整个框架集。

_self:在当前框架中打开链接,同时替换该框架中的内容。

_top:在当前浏览器窗口中打开链接的文档,同时替换所有框架。

其他框架名:在以该名称命名的框架中打开页面,同时替换该框架中的内容。

 本章小结

　　本章介绍了 AP 元素与框架的使用,内容涉及 AP 元素与框架的创建及相关操作。AP 元素可以作为网页布局的工具,其中可以包含文本、图形图像、动画、音频、视频、表格等一切可以放置到 HTML 中的元素,甚至可以在 AP 元素内放置 AP 元素。在浏览器中显示的框架页是由多个页面组成的,用户应掌握框架页的结构以及各页面之间的关系。Dreamweaver CS5 提供了各种框架结构的模板供设计者使用,这使框架页设计更方便。但由于使用模板创建框架会同时创建各框架中的页面,为保持思路清晰,建议用户在使用 Dreamweaver CS5 设计框架页时,先要保存框架页,再对框架中的页面进行设计。

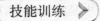技能训练

[**实例 6.1**]

实例说明:利用层制作某商场主页。

实例分析:根据所学知识,如创建 AP Div(层)以及设置 AP Div(层)属性等,利用层制作一个商场主页。

操作步骤:

① 打开一个商场网页,如实例图 6.1 所示。

实例图 6.1　打开一个商场网页

② 执行"插入│布局对象│AP Div"菜单命令,在网页中插入一个层。将此层移动到文档的左侧位置并选中,然后在其"属性"面板中设置层的宽为 175 像素、高为 26 像素,如实例图 6.2 所示。

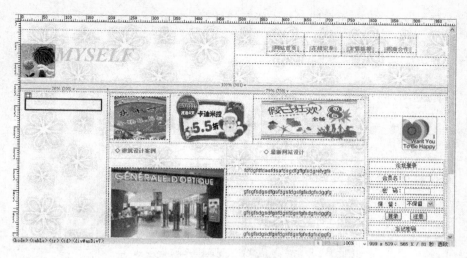

实例图6.2 在网页中插入一个层

③ 单击"属性"面板中"背景图像"右侧的"浏览"按钮,在打开的"选择图像源文件"对话框中选择一张图像作为层的背景图像,单击"确定"按钮,即可为层插入背景图像,得到如实例图6.3所示的效果。

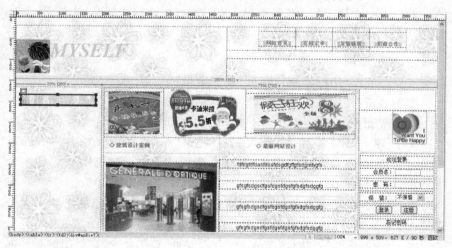

实例图6.3 为层插入背景图像

④ 在此层上输入文字"最新图书",并设置文字的大小为"16 磅",对齐方式为"居中对齐"。按照上面的操作,继续创建4个层,在其中输入所

需要的文字,得到如实例图 6.4 所示的效果。

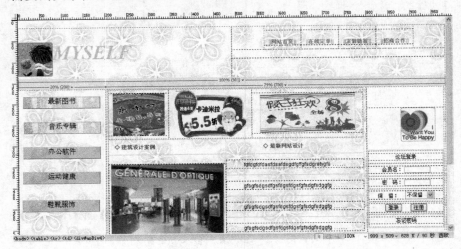

实例图 6.4　继续创建 4 个层

⑤ 按住【Shift】键,将这 5 个层同时选中,执行"修改 | 排列顺序 | 左对齐"菜单命令,对齐层。执行"插入 | 布局对象 | AP Div"菜单命令,在网页的下方插入一个层,并按需要调整层的大小,在此层中输入文字,并在其"属性"面板中设置文字属性。

［实例 6.2］

实例说明:利用框架制作网页"阳光宝贝"。

实例分析:使用框架功能创建一个"阳光宝贝"网页。

操作步骤:

① 新建一个网页,单击"插入"工具栏中"布局"子工具栏中的"框架"按钮,从打开的下拉列表中选择"左侧和嵌套的下方框架"选项,创建一个框架页,如实例图 6.5 所示。

② 将光标置于下方的框架中,单击"框架"按钮,在弹出的下拉列表中选择"左侧框架"选项,将此框架拆分,得到如实例图 6.6 所示的效果。

③ 创建好框架后,执行"文件 | 保存框架页"菜单命令,在弹出的对话框中将框架集保存为 6 - 1. html。然后依次保存各个框架,从上到下、从左到右名称分别为 6 - 1 - 1. html,6 - 1 - 2. html,6 - 1 - 3. html,6 - 1 - 4. html。

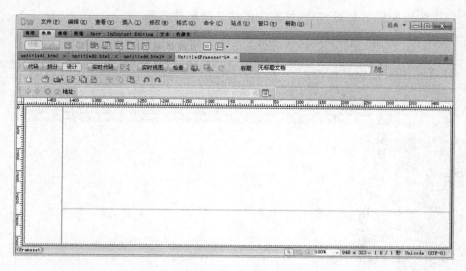

实例图 6.5　创建一个框架页

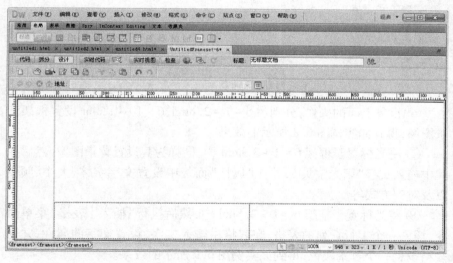

实例图 6.6　拆分框架

④ 将光标置于框架 6 - 1 - 1. html,执行"修改丨页面属性"菜单命令,在弹出的"页面属性"对话框中单击"背景图像"右侧的"浏览"按钮,在弹出的"选择图像源文件"对话框中选择一张图片。

⑤ 单击"确定"按钮,返回"页面属性"对话框,再次单击"确定"按钮,

即可为框架设置背景,得到如实例图6.7所示的效果。

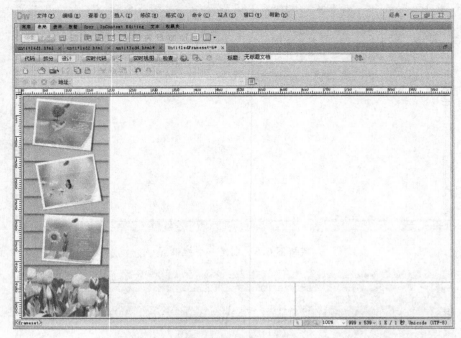

实例图 6.7　为框架设置的背景

⑥ 重复上面的操作,分别为 6－1－2. html,6－1－4. html 设置框架背景图像,得到如实例图 6.8 所示的效果。

⑦ 将光标置于框架 6－1－3. html 中,同样为其设置背景图像,然后在其中输入文字"阳光宝贝",并在"属性"面板中设置文字字体、大小、颜色以及对齐方式等。

⑧ 将光标置于框架 6－1－2. html 中,然后执行"插入│表格"菜单命令,插入一个 1 行 6 列的表格,在表格中输入文字,设置文字的属性,并为表格设置一个背景颜色,得到如实例图 6.9 所示的效果。

⑨ 保存网页,按【F12】键浏览最终效果。

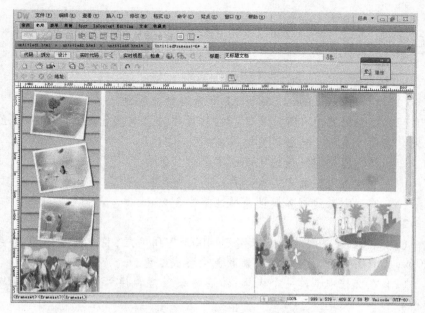

实例图 6.8　为框架设置背景图像

实例图 6.9　在表格中输入文字并设置其属性

1．简答题

（1）在 Dreamweaver CS5 中，AP 元素有哪些用途？

（2）框架列表中有哪些形式？在网页中应用这些框架形式各有什么效果？它们各适用于什么类型的网页？

（3）简述框架间链接的 TARGET 属性值的含义。

（4）框架集设定的方式有几种？简述这几种方式。

（5）简述框架边框各属性及属性值的含义。

2．操作题

（1）在文档中创建一个大小为 400 * 300 的层，将其位置设置为左 120px，上 160px，然后将层的背景颜色设置成红色。

（2）在文档中创建一个表格，然后将该表格转换为层，最后再转换成表格。

（3）制作一个效果如下图所示的框架网页，在上端单击项目，在左侧显示项目明细；在左侧单击项目明细，右侧显示相应的内容。

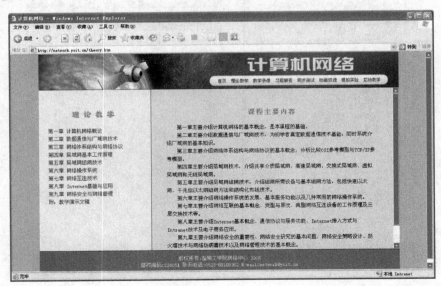

第 7 章　制作交互式网页

通常情况下,用户在浏览网页的过程中希望网页具有一定的交互功能。例如:根据用户的不同选择显示不同的内容,可控制网页中影片的播放等。Dreamweaver CS5 为实现网页的交互性,提供了行为、表单等特色功能。其中,行为内容包括行为的绑定、行为属性的设置和修改、第三方行为的安装、调用 JavaScript 代码、跳转菜单、打开浏览器窗口、设置状态条文本、显示 - 隐藏 AP 元素等;表单在网页中提供给用户填写信息的区域,从而可以收集客户端信息,使网页具有更强的交互功能。

7.1　行为概述

Dreamweaver CS5 提供了丰富的行为,这些行为的使用可以为网页对象添加一些动态效果和简单的交互功能,使那些不熟悉 JavaScript 语言的网页设计者也可以方便地设计出通过编写 JavaScript 语言才能实现的网页效果。

7.1.1　认识行为

一个行为是由一个事件触发一个动作形成的,因此行为由两个基本元素构成:事件和动作。事件是访问者对网页的某个对象所做的操作,比如把鼠标移动到一个链接上,这就生一个鼠标经过的事件,这个事件触发浏览器去执行一段 JavaScript 代码,这就是动作,然后产生 JavaScript 设计的效果,可能是显示信息,也可能是打开窗口等,这就是行为。

在行为面板中,可以先指定一个动作,然后指定触发该动作的事件,从而将行为添加到页面中。行为代码是客户端代码,它运行于浏览器中,而不是服务器上。对象是产生行为的主体,网页中的很多元素都可以成为对象。例如,整个 HTML 文档、图像文本、多媒体文件、表单元素等。

事件是触发动态效果的条件,在7.1.3中将具体介绍Dreamweaver CS5中常用的事件类型。在网页上,事件则表现为浏览器生成的消息,指示该页浏览者执行了某种动作。例如,当鼠标指针移动到某个图片上时,浏览器先为该图片生成一个onMouseOver事件,然后再去寻找该事件应该调用的JavaScript代码。不同的页面元素有着不同的事件,例如,onMouseOver和onClick一般是与超级链接相关联的事件,而Onload是与图像和文档的body部分相关联的事件。

动作由JavaScript代码组成,这些代码执行特定的任务,最终产生动态效果。动态效果可能是图片的翻转、链接的改变或者声音的播放等。在将行为添加到页面元素上之后,只要对该元素发生了指定的事件,浏览器就会调用与该事件关联的动作。每个事件可以指定多个动作,动作按照其在行为面板列表中的顺序依次发生。

7.1.2 "行为"面板

在菜单栏中执行"窗口│行为"菜单命令或使用【Shift】+【F4】组合键可以打开"行为"面板,如图7.1所示。

(1)窗口上方显示"行为"面板对象操作按钮,各按钮的功能介绍如下。

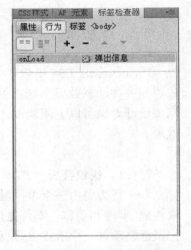

图7.1 "行为"面板

⊟ 显示设置事件:仅显示所设计的事件。

⊟ 显示所有事件:显示浏览器支持的所有事件。

╋ 添加行为:添加一个行为。

━ 删除行为:删除选定的行为。

▲／▼ 上移行为/下移行为:调整行为触发的顺序。

(2)面板左边显示页面对象可用的动作,根据所选触发动作的源对象,可以包括不同的动作,如onClick,onMouseOut等。

(3)面板右边显示选用的动作,如弹出信息、交换图像等。

7.1.3 常用事件

触发行为的对象可以是文字、图像、表格,甚至是整个页面等,根据选定的触发源的不同,可以有不同的事件。下面介绍一些常用的事件。

OnLoad:当图像或页面结束载入时产生。

OnUnload:当访问者离开页面时产生。

OnClick:当访问者单击指定的元素(比如一个链接、按钮或图像地图)时产生。单击直到访问者释放鼠标按键时才完成,只要按下"onMouseDown"按钮便会令某些现象发生。

OnDblClick:当访问者双击指定的元素时产生(双击是指迅速按下及释放鼠标按键)。

OnMouseDown:当访问者按下鼠标按键时产生(访问者不必释放鼠标按键以产生这个事件)。

OnMouseMove:当访问者在指向一个特定元素并移动鼠标时(光标停留在元素的边界以内)产生。

OnMouseOut:当光标从特定的元素(该特定元素通常是一个图像或一个附加于图像的链接)移走时产生。这个事件经常被用来和"恢复交换图像(Swap Image Restore)"动作关联,当访问者不再指向一个图像时,把它返回到初始状态。

OnMouseOver:当鼠标首次指向特定元素时产生(指当光标从不是指向该元素到指向该元素),该特定元素通常是一个链接。

OnMouseUp:当一个被按下的鼠标按键被释放时产生。

OnSelect:当访问者在一个文本区域内选择文本时产生。

7.2　安装绑定行为

7.2.1　安装第三方行为

Dreamweaver CS5 最有用的功能之一就是它的扩展性,即它为精通 JavaScript 的用户提供了编写 JavaScript 代码的机会,这些代码可以扩展 Dreamweaver CS5 的功能。要创建行为,必须精通 HTML 和 JavaScript 语言,这有很大的难度。好在网上有许多可用的第三方行为提供下载服务,若要从 Exchange 站点下载和安装新行为,请执行以下操作:

① 打开"行为"面板,并单击加号"＋",在弹出式菜单中选择"获取更

多行为"选项。这时会自动启动浏览器,连接到 Dreamweaver 的官方站点下载行为。

② 下载并解压缩所需的行为扩展包。

③ 将解压文件存入 Dreamweaver CS5 安装目录下的 Configuration\Behaviors\Actions 文件夹中。

④ 重新启动 Dreamweaver CS5。

7.2.2 绑定行为

行为可以绑定到整个文档(即附加到 body 标签)、链接、图像、表单元素或者多种其他 HTML 元素中的任何一种,但是不能将行为绑定到纯文本。诸如 < p > 和 < span > 等标签不能在浏览器中生成事件,因此无法从这些标签触发动作。

1. 绑定行为

用户可以为每个事件指定多个动作。动作以它们在"行为"面板的动作列表中列出的顺序发生。绑定行为的操作步骤如下:

① 执行"窗口│行为"菜单命令,打开"行为"面板。

② 在页面上选择一个元素,例如一个图像或者一个链接等非纯文本元素。

③ 单击加号" + "按钮并从动作弹出式菜单中选择一个动作,如图7.2所示。不能选择菜单中灰色显示的动作,它们显示灰色的原因可能是当前文档中不存在所需要的对象。如果所选的对象无可用事件,则所有动作都灰色显示。

④ 选择某个动作时将出现一个对话框,显示该动作的参数和说明。

⑤ 为该动作输入参数并单击"确定"按钮。

⑥ 触发该动作的默认事件显示在事件栏中。如果这不是所需的触发事件,可以单击事件名称后面的下拉箭头从事件弹出式菜单中选择所需要的事件,如图7.3 所示。

根据所选对象的不同,显示在事件弹出式菜单中的事件也有所不同。如果未显示预期的事件,则应检查对象选择是否正确。一些事件(如 onMouseOver)在其前面显示有 < A > ,代表此事件仅用于链接,若所选对象不是链接时这些事件将不可逆。

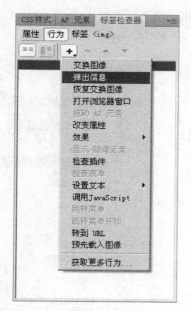

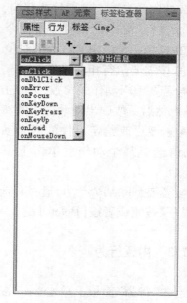

图 7.2　选择行为　　　　　　　图 7.3　选择事件

2．附加行为

行为不能附加到纯文本，但是可以附加到链接。因此，若要将行为附加到文本，最简单的方法就是向文本添加一个空链接（不指向任何内容），然后将行为附加到该链接上。若要将某个行为附加到所选的文本，请执行以下操作：

① 在属性检查器的"链接"文本框中输入"JavaScript：；"（一定要包括冒号和分号），也可以在"链接"文本框中改用数字符号（#）。若使用数字符号，当访问者单击该链接时，某些浏览器可能跳转到页的顶部，而单击JavaScript 空链接不会在页上产生任何效果，因此 JavaScript 方法通常更可取。

② 在文本仍处于选中状态时打开"行为"面板。

③ 从"动作"弹出菜单中选择一个动作，输入该动作的参数，然后选择一个触发该动作的事件。

3．修改行为

在附加了行为之后，可以更改触发动作的事件、添加或者删除动作以

及更改动作的参数。若要修改行为,请执行以下操作:

① 执行"窗口│行为"菜单命令,打开"行为"面板。

② 选择一个绑定有行为的对象。

③ 按需要执行相应操作。

● 若要编辑动作的参数,请双击该行为名称,然后更改弹出对话框中的参数。

● 若要更改给定事件的多个动作的顺序,请选择某个动作后单击上下箭头按钮。

● 若要删除某个行为,请将其选中后单击"−"按钮或者按【Delete】键。

7.3 内置行为

当在"行为"面板上单击"＋"按钮添加行为时,将弹出可选用的各种动作,如图 7.4 所示。

在文档窗口中选择的对象不一样,可以使用的动作也不一样。给一个对象添加动作时,在"行为"面板的标题中会显示该对象的 HTML 标记,在动作菜单中不可用的动作都以灰色显示。

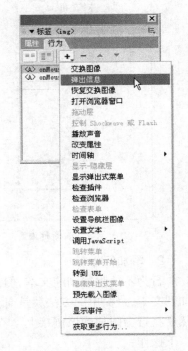

图 7.4 "行为"面板中的内置行为

7.3.1 调用 JavaScript

"调用 JavaScript"动作允许用户使用"行为"面板指定当发生某个事件时应该执行的自定义函数或者 JavaScript 代码行。JavaScript 代码可以是用户自己编写的,也可以是 Web 上多个免费的 JavaScript 库提供的。下面通过一个简单实例演示使用"调用 JavaScript"行为的步骤。

① 新建一个 HTML 文档,插入一个表单域或者一个按钮,如图 7.5 所示。

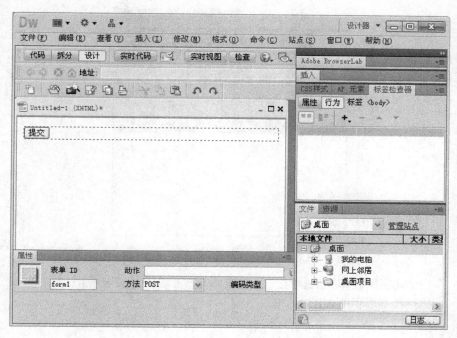

图 7.5　插入表单按钮

② 选中按钮并打开"行为"面板。

③ 单击"＋"按钮，并从动作弹出菜单中选择"调用 JavaScript"，弹出
"调用 JavaScript"对话框，如图 7.6 所示。

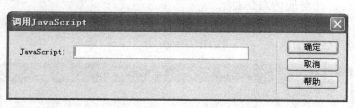

图 7.6　"调用 JavaScript"对话框

④ 输入要执行的 JavaScript："alert(″欢迎使用 Dreamweaver CS5″)"。

⑤ 单击"确定"按钮，这时"行为"面板显示如图 7.7 所示。

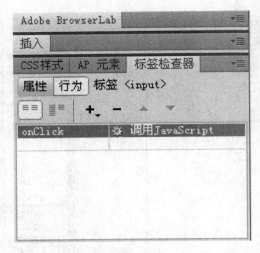

图 7.7　添加行为后的"行为"面板

　　至此实例制作完成,单击"实时视图"按钮切换到实时视图,然后单击"提交"按钮,即可弹出对话框。

7.3.2　改变属性

　　"改变属性"动作的作用是动态地改变某一个对象的属性值。下面通过一个简单实例演示改变属性的步骤。

　　① 打开"插入"浮动面板,并切换到"常用"面板。单击"插入 Div 标签"图标,打开对应的对话框。

　　② 在"插入"下拉列表框中选择"在插入点"项,在"ID"文本框中输入标签的名称,例如输入"dd",如图 7.8 所示。

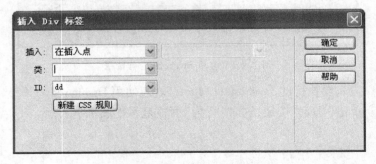

图 7.8　"插入 Div 标签"窗口

③ 单击"新建 CSS 规则"按钮,弹出"新建 CSS 规则"对话框。在"选择器类型"下拉列表中选择"标签",在"选择器名称"下拉列表中选择"div",然后单击"确定"按钮打开对应的规则定义对话框,如图7.9所示。

④ 在对话框左侧的分类列表中选择"区块",设置文本对齐方式为"居中对齐",然后单击"确定"按钮。

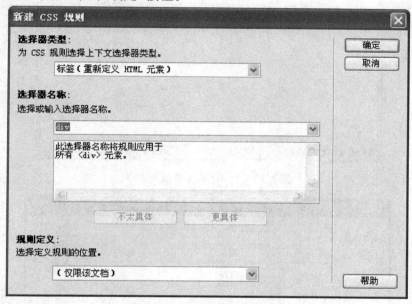

图 7.9 "新建 CSS 规则"窗口

⑤ 在页面中插入的 div 标签中插入文字,并在"属性"面板上设置文本的格式为"标题1",如图7.10所示。

⑥ 在标签选择器中单击"<div>"标签,单击"行为"面板上的"+"按钮,并从行为弹出式菜单中选择"改变属性"菜单项,弹出"改变属性"对话框。

⑦ 在"元素类型"下拉列表中选择"DIV",在"元素 ID"下拉列表中选择"DIVdd",在"属性"下拉列表中选择"backgroundColor",并在"新的值"文本框中输入新的颜色值"#FF0",如图7.11所示。

⑧ 单击"确定"按钮关闭对话框,并在"行为"面板为行为选择需要的事件 onMouseOver。

至此实例制作完毕,按下【F12】键打开浏览器就可以进行测试了。

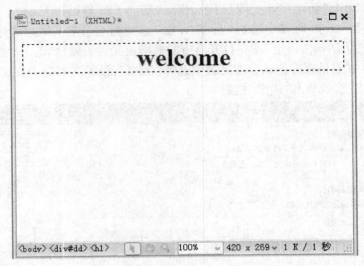

图 7.10　在 div 标签中插入文字

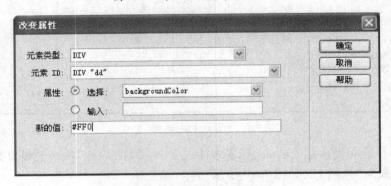

图 7.11　"改变属性"对话框

7.3.3　检查浏览器兼容性

使用"检查浏览器"行为,可以根据访问者所使用的浏览器的品牌和版本而发送不同的页面。如果访问者使用的是 Netsacpe Navigator 4.0 或者后续版本的浏览器,可以将其引导到某一个页面;如果访问者使用的是 IE4.0 或者是后续版本的浏览器,可以将其引导到另一个页面;如果访问者使用的是以上两种类型以外的浏览器,则可以继续保持当前页面。不过,在 Dreamweaver CS5 中,Adobe 已经弃用"检查浏览器"行为,用户可以使用 Dreamweaver 自带的网页测试系统检查浏览器的兼容性。

　　Dreamweaver CS5 自带的网页测试系统具有浏览器兼容性检测功能，不论用户使用何种浏览器，它都可以帮助其定位能够触发浏览器呈现错误的 HTML 和 CSS 组合，还可以测试文档中的代码是否存在目标浏览器不支持的任何 CSS 属性或者值，并生成报告指出各种浏览器中与 CSS 相关的呈现问题。在代码视图中，这些问题以绿色下划线标记。

　　在 Dreamweaver CS5 中执行"文件∣检查页∣浏览器兼容性"菜单命令，即可在打开的文件中运行浏览器兼容性检查(BCC)，如图 7.12 所示。

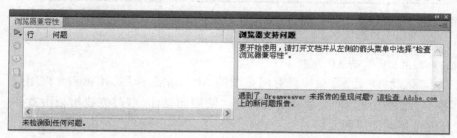

图 7.12　"浏览器兼容性"对话框

7.3.4　检查插件

　　"检查插件"动作功能就是根据浏览器安装插件的情况打开指定的网页。

　　当一个站点的网页中设置了某些插件时，应该通过"检查插件"动作检查用户的浏览器中是否安装了这些插件，如果用户安装了这些插件，则可以跳转到一个网页；如果没有安装这些插件，则不进行跳转或者跳转到另一个网页。如果不进行检查，当用户没有安装这些插件的播放器时，就无法浏览网页中的插件。

　　使用"检查插件"动作的步骤如下：

　　① 选择一个对象并打开"行为"面板。

　　② 单击"行为"面板上的"＋"按钮并从动作弹出式菜单中选择"检查插件"菜单项，弹出"检查插件"对话框，如图 7.13 所示。

　　③ 对该对话框各个选项进行设置。

　　④ 单击"确定"按钮之后为动作选择所需的事件。

图 7.13 "检查插件"对话框

7.3.5 拖动 AP 元素

"拖动 AP 元素"动作只对网页中的 AP 元素起作用,其功能允许用户将 AP 元素拖放到网页中特定的位置。使用此动作,可以创建拼板游戏和其他可移动的界面元素。

使用"拖动 AP 元素"动作的步骤如下:

① 在文档窗口的"设计"视图中绘制一个 AP 元素对象,并在属性面板上为 AP 元素对象设置名称。

② 单击"文档"窗口底部标签选择器中的"< body >"并选择"body"选项卡。

③ 打开"行为"面板,单击" + "按钮并从动作弹出式菜单中选择"拖动 AP 元素"命令,弹出"拖动 AP 元素"对话框。

④ 设置对话框中各个选项。"拖动 AP 元素"对话框中有"基本"和"高级"两个选项卡,主要选项的功能介绍如下。

● AP 元素:选择"拖动 AP 元素"行为的对象。单击右侧的下拉键,在下拉列表框内列出了本页面中所有 AP 元素,从中选择要控制的 AP 元素即可。

● 移动:AP 元素的移动方式。在"移动"下拉列表中可以选择"不限制"或者"限制"。当选择"限制"时,对话框中会添加"上"、"下"、"左"、"右"4 个参数,在参数后面的文本框中填入数字,单位是像素,即确定了 AP 元素的拖动范围。它们分别表示 AP 元素移动范围距离 AP 元素的初始位置。

● 拖放目标:目的地位置。在"左"和"上"后的文本框内分别输入该位置距页面左端和上端的距离,单位是像素。单击"取得目前位置"按钮,可以在文本框中得到 AP 元素目前的位置参数。

● 靠齐距离:产生吸附效果的像素数。

⑤ 单击"确定"按钮之后为动作选择所需的事件。

7.3.6 打开浏览器窗口

使用"打开浏览器窗口"动作在打开当前网页的同时,可以再打开一个新的窗口,同时,还可以编辑浏览窗口的大小、名称、状态栏、菜单栏等属性。

使用"打开浏览器窗口"动作的步骤如下:

① 选择一个对象并打开"行为"面板。

② 单击"行为"面板上的"＋"按钮,并从动作弹出式菜单中选择"打开浏览器窗口"菜单项,弹出"打开浏览器窗口"对话框,如图 7.14 所示。

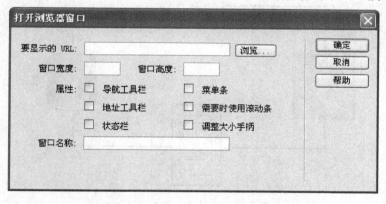

图 7.14 "打开浏览器窗口"对话框

③ 对该对话框中各个参数进行设置。

④ 单击"确定"按钮之后为动作选择所需要的事件。

此外,还有弹出信息、预先载入图像、设置文本、显示/隐藏元素、交换图像/恢复交换图像、检查表单等动作,在此不再叙述。

7.4 表单概述

表单在网页中起到为访问者与服务器相互交流架设平台的作用。一方面通过表单,访问者可以使用诸如文本域、列表框、复选框以及单选按钮之类的表单对象输入信息,然后单击某个按钮提交这些信息。另一方面,服务器接收到这些信息后,调用脚本或应用程序对这些信息进行处理,并反馈给访问者。例如,网上常见的申请免费邮箱页面,就是一个表单,访问者填写如用户名、密码、性别、爱好等相关信息后,按下"提交"按钮,提交给服务器进行处理,服务器端程序自动检查填写是否符合规范或用户名是否有重名等,并将信息反馈。除此以外,表单的通常应用有调查表、填写注册、电子商务订单和信息搜索等。

7.4.1 表单的工作流程

表单的一般工作流程如图 7.15 所示。

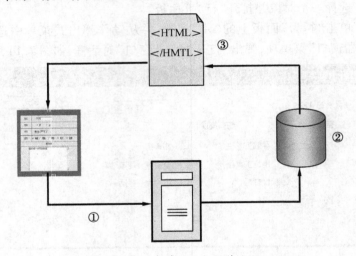

图 7.15　表单的一般工作流程

① 访问者通过表单填写信息,提交给服务器处理。

② 服务器调用脚本程序,处理表单信息。

③ 服务器端把处理结果创建成一个新的 HTML 文档,反馈给访问者。

因此,对于表单应包含两个部分:一个是表单的表现部分,即表单的页面设计;另一个是表单的处理部分,即服务器端的脚本处理程序,这部分可使用 Java,JavaScript,VBScript 等语言来编写。

7.4.2 认识表单对象

网页中的表单对象允许浏览者输入并提交数据信息,所提交的信息将被服务器中的特定程序及时处理。表单是网页中最基本的交互式元素之一,在网页中合理加入表单对象,可以使网页具有信息收集和交流功能。例如,向网页的浏览者提出问题,然后由浏览者将答案提交给网站管理者,从而实现网页的交互功能。

在 Dreamweaver CS5 中,表单的输入类型称为表单对象,如文本框、下拉列表框、单选按钮、复选框、标签和按钮等,可以使用"插入丨表单"菜单命令在文档中插入表单对象,也可以使用"插入"面板"表单"类中的选项来添加表单对象。

图 7.16 所示为一个网络注册页面。在这个表单中,用来输入"姓名"的地方称为"文本字段",并且包括用于"性别"选择的单选钮,用于"学历"选择的组合框,用于选择"爱好"的复选框,以及用于输入反馈意见的文本区域,下方是"提交"和"重置"两个按钮。这些都是表单中的对象,除此以外,表单对象还有列表框、图像域、隐藏域等。

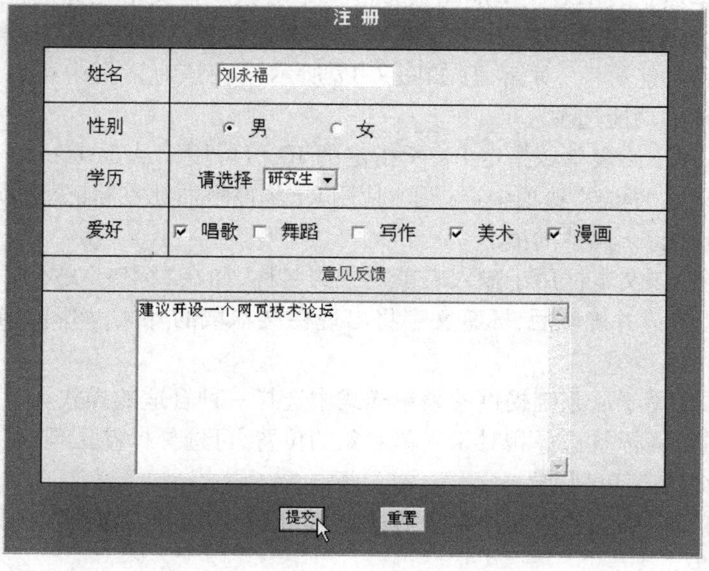

图 7.16　注册表单

7.5 表单的操作

表单域的作用就是把各对象作为一个整体进行处理。一个页面可以包含多个表单域,在同一表单域中的对象是一个整体,与另一个表单域中的对象一般是不相干的。利用"插入|表单|表单域"菜单命令或者"插入|表单"面板中的选项,可以很方便地添加各种表单域。添加表单域后,还可以利用属性检查器进行设计。在表单中添加表单对象,必须将其放到表单域中,只有在表单域中的对象才会作为一个整体提交到服务器端。插入表单对象的工具集合在表单工具栏中,在插入表单对象时只需单击表单工具栏中的相应对象即可。

7.5.1 插入文本域

文本域是表单对象里应用最多的一个对象。将文本光标定位于表单轮廓内,然后在"插入|表单"面板上单击"文本字段"按钮,将出现"输入标签辅助功能属性"对话框(如图 7.17 所示),在该对话框中可以设置表单对象辅助功能选项。

ID:用于给表单域指定 ID,所指定的 ID 值可用于从 JavaScript 中引用域。如果在"样式"选项中选择了"使用 for 属性附加标签标记"选项,ID 值还可以作为 for 属性的值。

标签:该文本框用于输入表单对象的名称,如在"标签"文本框中输入文字"姓名:"并确认后,标签文字将出现在文本域的外侧,如图 7.17 及图 7.18 所示。

样式:用于从系统提供的表单样式中选择一种合适的样式。

位置:为标签选择相对于表单对象的位置,可选择标签出现"在表单项后"或者"在表单项前"。

访问键:该文本框用于输入等效的键盘键,以便在浏览器中快速选择表单对象。

Tab 键索引:在该文本框中可输入一个数字,以指定该表单对象的 Tab 键顺序。

如果在"插入"面板的"表单"类中单击"文本区域"工具,将插入一个多行的文本域,如图 7.19 所示。

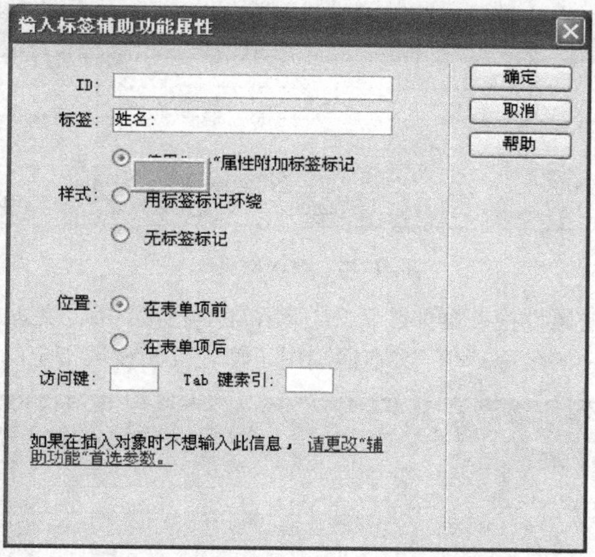

图 7.17 "输入标签辅助功能属性"对话框

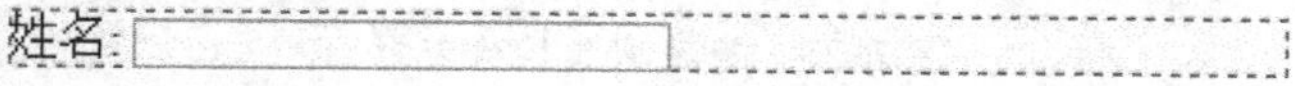

图 7.18 添加标签文字

图 7.19 多行文本域

7.5.2 插入隐藏域

在浏览器浏览网页时,隐藏域并不可见。将信息从表单传送到 CGI 程序时,可以通过隐藏域发送一些对浏览者保密的数据,这些数据可能是一个 CGI 程序需要的用来设置表单收件人信息的变量,也可能是一个在提交表单后 CGI 程序将要重定向至用户的 URL。

将光标放置在所需位置,执行"插入|表单|隐藏域"菜单命令,或者在"插入"面板的"表单"类中单击"隐藏域"图标,即可出现一个隐藏域标志,如图 7.20 所示。

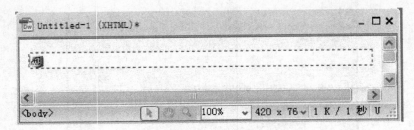

图 7.20　插入隐藏域

隐藏域的属性检查器如图 7.21 所示，在"隐藏区域"文本框中可以为该域输入唯一的名称；"值"文本框则用于输入要为该域指定的值。

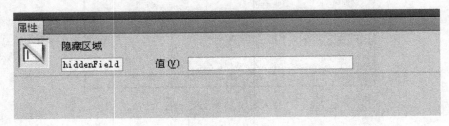

图 7.21　隐藏域属性检查器

7.5.3　插入单选按钮

单选按钮提供一组单选项，浏览者只能从中选择一个选项。如果选择了一个单选按钮，再选择另外的单选按钮时，就会自动取消第 1 次的选择。下面举例说明插入单选按钮的方法。

① 插入一个空白表单，然后输入如图 7.22 所示的文字。

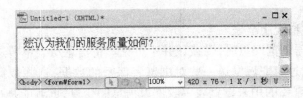

图 7.22　输入提示性文字

② 在"插入"面板的"表单"类中单击"单选按钮"图标，或执行"插入｜表单｜单选按钮"菜单命令，出现"输入标签辅助功能属性"对话框，在其中输入相关参数。

③ 单击"确定"按钮,即可在文档中插入一个单选按钮,用同样的方法,添加单选按钮,效果如图7.23所示。

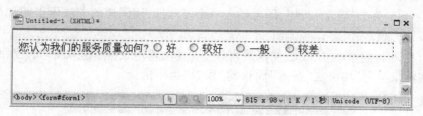

图7.23　添加单选按钮

如果在"插入"面板的"表单"类中单击"单选按钮组"图标,或者执行"插入│表单│单选按钮组"菜单命令,将出现"单选按钮组"对话框,可以直接在其中添加所有的单选选项。"单选按钮组"对话框中默认提供了两个标签,可以将其名称由"单选"修改为需要的值,如图7-24所示。

图7.24　修改默认的选项名

要添加更多的选项,只需要单击"添加"按钮,然后输入新的选项名。设置完成后单击"确定"按钮,即可完成单选按钮组的创建。

7.5.4　插入复选框

复选框一般提供了多个选项,用户可以从中选择任意多个选项。插入复选框的步骤如下:

① 在"插入"面板的"表单"类中选择"复选框"图标,或者执行"插入

|表单|复选框"菜单命令,出现"输入标签辅助功能属性"对话框,在其中输入相关参数,如图 7.25 所示。

②单击"确定"按钮,即可插入一个复选框,用同样的方法可以添加更多的选项。

Dreamweaver CS5 还可以插入许多元素,如列表/菜单、图像域、按钮、跳转菜单等,均可在"插入"面板的"表单"类中选择。

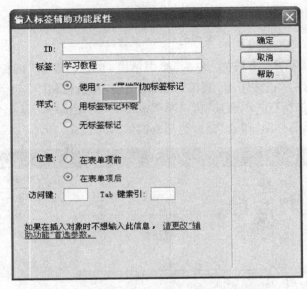

图 7.25 "输入标签辅助功能属性"对话框

 本章小结

本章介绍了行为以及表单的使用。使用 Dreamweaver CS5 中的行为,就可以方便地完成菜单、弹出信息、检查插件等较复杂的功能。行为是由一段段 JavaScript 代码组成的,它主要是为更好地控制其他网页中的元素而设置的,因此严格来说,行为不是网页中的元素。Dreamweaver CS5 提供了 22 种行为动作,对于普通使用者来说已经足够了。当然行为的扩展是无限制的,只要掌握了 JavaScript,就可以自己编写行为,也可以从 Dreamweaver 的官方网站中获得。而表单是网站管理者与浏览者之间交互的桥梁,是动态交互性网站的基础。

[实例 7.1]

实例说明：为网页添加行为操作。

实例分析：将 Dreamweaver CS5 中自带的行为应用于网页中，以获得想要的效果。

操作步骤：

① 打开一个网页，选择要交换图像的图像，如实例图 7.1 所示。

实例图 7.1　选择要交换图像的图像

② 单击"行为"面板上的"＋"按钮，在弹出的下拉菜单中选择"交换图像"菜单项，在弹出的"交换图像"对话框中单击"设定原始档为"右侧的"浏览"按钮，在弹出的"选择图像源文件"对话框中选择一幅图片，如实例图 7.2 所示。

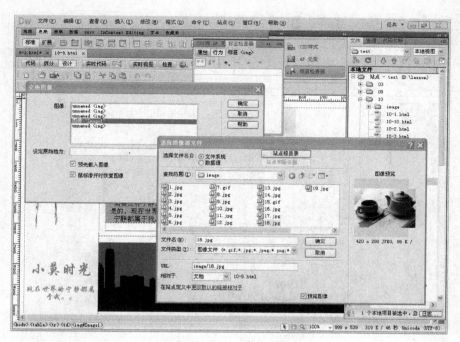

实例图 7.2　选择一幅图片

③ 单击"确定"按钮返回"交换图像"对话框,再次单击"确定"按钮,将其关闭,此时即为网页设置了一个交换图像行为。

④ 单击文档窗口左下角标签选择器中的"＜body＞"标签,选中整个文档,如实例图 7.3 所示。

⑤ 打开"行为"面板,单击"＋"按钮,从弹出的下拉菜单中选择"弹出信息"菜单项。此时,弹出"弹出信息"对话框,在"消息"文本框中输入自定义的信息,这里输入"本网站欢迎你的光临!",单击"确定"按钮,效果如实例图 7.4 所示。

⑥ 保存网页,按【F12】键浏览网页设置效果。

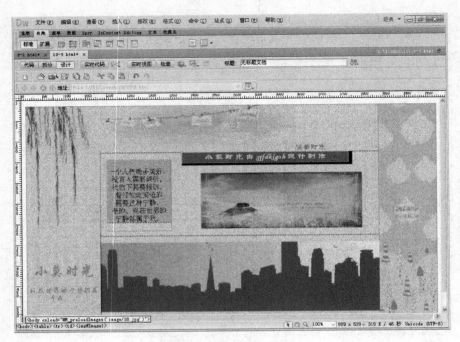

实例图 7.3　选中整个文档

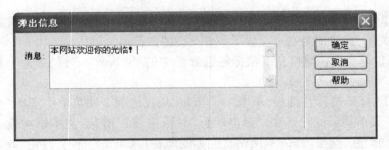

实例图 7.4　"弹出信息"对话框

[实例 7.2]

实例说明：制作一个公司业务活动费申请单。

实例分析：利用所学的表单知识，制作一个申请单。

操作步骤：

① 打开 Dreamweaver CS5，执行"文件 | 新建"菜单命令，在"文档类型"中选择"HTML"，单击"创建"按钮。

② 在代码栏中"<body></body>"标志对间输入"<h1>盐城工学院学生活动费申请单</h1>"（其中，<h1>……</h1>标签用于设置网页中的标题文字，被设置的文字将以黑体或粗体的方式显示在网页中），效果如实例图7.5所示。

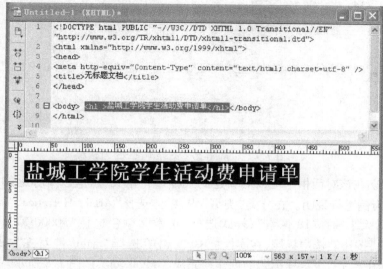

实例图7.5　设置网页中的标题文字

③ 单击快速启动栏中"CSS"中的"新建CSS规则"按钮 新建CSS样式。在对话框中，"选择器类型"选择"类"；"名称"栏可输入任意名称，这里输入".main"；"定义在"选择"仅对该文档"，单击"确认"按钮，如实例图7.6所示。

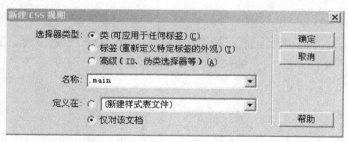

实例图7.6　"新建CSS规则"对话框

④ 确认后，出现如实例图7.7所示的对话框。

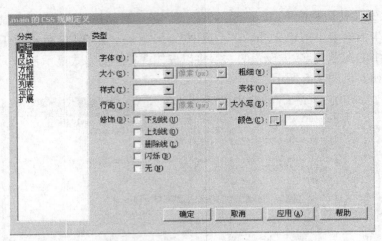

实例图 7.7 ".main 的 CSS 规则定义"对话框

⑤ 在该对话框中可以对新建的式样进行定义,这里以对标题的式样定义为例进行说明。在分类"类型"中,字体选择"Arial,Helvetica,sans - serif",大小选择"18 像素",样式选择"正常",颜色选择"#0000CC",单击"确认"按钮。选中标题,在属性栏中,"式样"选择"main","对齐方式"选择"居中对齐"。这样标题的创建便完成了,效果如实例图 7.8 所示。

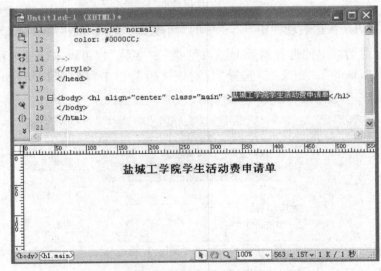

实例图 7.8 创建标题

⑥ 创建表格。在对象面板中,执行"常用∣表格"菜单命令,或者选择主菜单中的"插入∣表格"菜单项(请将光标放在 </h1> 后),出现如实例图7.9所示的对话框。

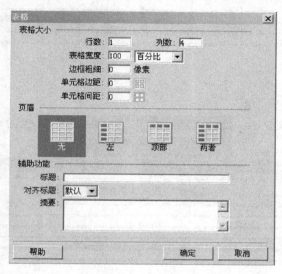

实例图7.9 "表格"对话框

⑦ 在"表格"对话框中,可以设置所需表格的各类基本参数。例如,在"行数"中填入5;"列数"填入6(这里的行数与列数应填入所需表格的最大值);"表格宽度"填入650像素(常用A4纸的横向像素为650~750);边框粗细填入1像素,单击"确认"按钮。选中表格,在属性栏里,"对齐方式"选择"居中";"边框颜色"选择"#000000",效果如实例图7.10所示。

⑧ 把相应的行、列进行合并。拖拉需要合并的行、列,右击表格选择"合并单元格"菜单项即可,效果如实例图7.11所示。

⑨ 在相应行列中输入文字,效果如实例图7.12所示。

　　注意:需要换行的文字,应按下【Shift】+【Enter】键。如果只按【Enter】,会留出过多的空白。

实例图 7.10　表格设置效果

实例图 7.11　单元格的合并

实例图 7.12　表格中输入文字

⑩ 在表格中输入文字时,表格会自动改变行列的高宽,用鼠标拉动边框使其达到预期效果即可,如实例图 7.13 所示。

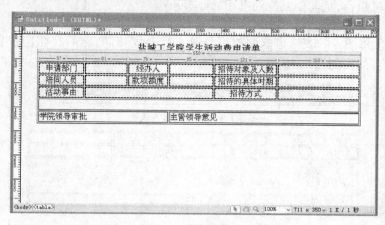

实例图 7.13　调整表格的大小

⑪ 在第 4 行插入一个 1 行 4 列的表格。单击第 4 行,与创建表格一样,在对象面板中选择"常用│表格"菜单项,或者在主菜单中选择"插入│表格"菜单项,弹出插入表格对话框。在对话框中,"行数"输入 1;"列数"输入 4;"表格宽度"输入 100 百分比;"边框粗细"输入 0 像素,效果如实例图 7.14 所示。

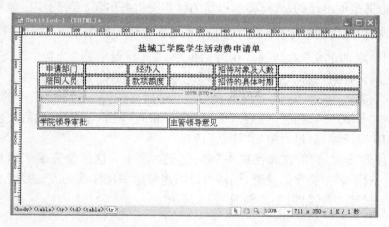

实例图 7.14　表格的嵌套插入

注意:这里选择边框粗细为0,是为了防止插入的表格边框与原表格边框重合,从而使其变的过粗,影响美观。

⑫ 将插入的表格边框调整到与第4行高度相同,然后在相应位置输入文字,如实例图7.15所示。

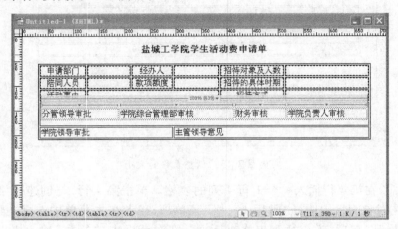

实例图7.15　嵌套表格的文字输入

⑬ 由图7.15可以看出在插入的表格中,边框为虚线,也就是说在显示时边框是不出现的,因此要加入新的样式使边框出现。与创建标题样式一样,在快速启动栏中,单击"CSS"中的"新建CSS规则定义"按钮，弹出"新建规则定义"对话框。在对话框中,"选择器类型"选择"类";"名称"栏输入任意名称,这里输入".bk";"定义在"选择"仅对该文档",单击"确认"按钮。在".bk的CSS规则定义"对话框中,单击"分类"中的"边框",将"样式"、"宽度"、"颜色"下的"全部相同"前的勾去掉,然后按实例图7.16进行填写,最后单击"确认"按钮。

⑭ 单击对应列,在属性栏中"样式"选择"bk",这样便完成了边框的设置。对于表中文字的设置,同样可以采用标题添加样式的方法或者在属性栏中对其进行设置,如实例图7.17所示。

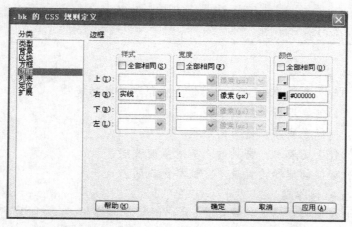

实例图 7.16 ".bk 的 CSS 规则定义"对话框

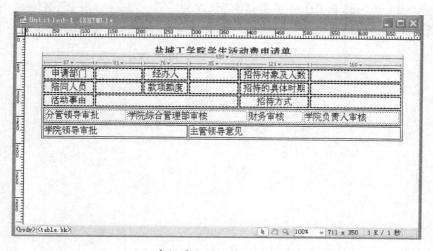

实例图 7.17 添加标题

⑮ 插入输入框。首先选中想要插入输入框的行列,在对象面板中选择"表单"中的 ▭ ,或者在主菜单中选择"插入│表单│文本域"菜单项;然后在对话框中使用默认值,单击"确认"按钮。需要注意的是,在创建输入框时,需要实时在属性栏中改动输入框的字符宽度,使其不超出表格行列的宽度。同时,在需要输入大量文字的输入框的属性栏中,类型需要选择"多行"以适应要求。

思考与练习 ▷

1. 简答题

（1）什么是行为？"行为"面板上提供了哪些功能？

（2）如何使用行为？试举例说明。

（3）简述说明添加行为的过程。

（4）什么是表单？常见的表单对象有哪些？

（5）如何创建和设置表单？试举例说明。

2. 上机操作题

（1）在文档中插入一张图片，并把图片设为虚链接，为图片绑定调用 JavaScript 行为。当鼠标移到图像上时弹出对话框提示"这是虚链接"。

（2）仿照腾讯 QQ 号码申请页面，制作一个用户注册页面，并要求对必填项目进行验证。

第 8 章　CSS 样式表的设计

层叠样式表（Cascading Style Sheet，CSS）是一种描述网页呈现样式的语言，包括颜色、布局和字体信息，同样也包括应用在不同设备上的呈现，如移动设备、大屏幕，甚至打印机。CSS 独立于 HTML，可以用于其他基于 XML 的标记语言。本章主要介绍 CSS 的基础知识，并尝试定义简单的 CSS 样式表，为制作表的网站增添花样。

8.1　CSS 样式表概述

8.1.1　CSS 样式表简介

在制作网页时，有一个需要关注的问题——设计的网页上传到网络之后要面临不同的客户端、不同的浏览器，而在众多的浏览器中有一些是不兼容的，很容易造成设计好的网页在不同的浏览器中出现不同的显示效果，这可能会破坏设计师精心设计好的页面。要使网页在各种平台上都能够正常地显示，就需要一种新的规范进行约束。在这种需求下，层叠样式表 CSS 就出现了。样式是用来控制某一文本区域外观的一组格式属性，而层叠样式表则用来对多个文档中所有的样式进行控制。

CSS 有多种用途，它最主要的功能是把页面展示从结构上分开。展示必须与页面的"外观"联系在一起，但是结构必须与页面内容的"意思"联系在一起。

层叠样式表 CSS 简单实用。它能够使任何浏览器都听从指令，从而正确地显示元素及内容。样式是通过它的名字或者 HTML 标签进行识别，它能够在改变样式属性后及时看到这种改变对应用该样式的文本所产生的影响。在页面中用户可以用 CSS 样式控制大多数传统文本格式属性，如字体、字体大小、对齐属性等，还可以用 CSS 样式来指定一些独特的 HTML 属性，如定位、特效、鼠标指针经过等效果。

除设置文本格式外,使用 CSS 还可以控制 Web 页面中块级元素的格式和定位。块级元素是一段独立的内容,在 HTML 中通常由一个新行分隔,并在视觉上设置为块的格式。例如,<h1> 标签、<p> 标签和 <div> 标签等,可以为它们设置边距和边框、将它们旋转在特定位置、向它们添加背景颜色、在它们周围设置浮动文本等。对块级元素进行如上操作实际上就是使用 CSS 布局页面。

8.1.2 CSS 样式的规则及分类

使用 CSS 样式可以设置一些仅使用 HTML 不容易实现的特殊属性。而它的另外一个优点在于,CSS 样式可以提供方便的更新功能。更新 CSS 样式时,套用该样式的所有页面文件都将自动更新为新的样式。

CSS 样式设置规则由用 HTML 编辑的语句或者被称为"选择器"的自定义样式以及它定义的属性和值组成(大多数情况下为包含多个声明的代码块)。"选择器"是标识已经设置格式元素的术语,如 p,h1,类名称或 ID 等。

在 Dreamweaver CS5 中可以应用 4 种样式表类型。

(1) 类(可应用于任何 HTML 元素)。这种样式也被称为自定义 CSS 规则,它与文本处理程序中应用的样式类似,不同之处在于其字符和段落样式没有区别。使用这种样式,可以将样式属性设置为任何文本范围或者文本块。

(2) 标签(重新定义 HTML 元素)。使用该样式可以重新定义特定标签的格式。在创建或者更改一个 HTML 标签的 CSS 样式时,所有使用该标签的文本都将得到更新。例如,用户对 <h2> 标签的 CSS 样式进行修改时,所有使用 <h2> 标签进行格式化的文本都将被立即更新。

(3) "ID(仅应用于一个 HTML 元素)"。创建一个用 id 属性声明的仅应用于一个 HTML 元素的 id 选择器,然后在"选择器名称"文本框中输入 ID 号。ID 必须以#号开头,能够包含任何字母和数字(如:#abc)。

(4) 复合内容(基于选择的内容)。这是一种可以同时影响两个或者多个标签、类或者 ID 的复合规则。

用户设定的 CSS 规则可以是外部样式表、嵌入式样式表或内联样式表。

(1) 外部 CSS 样式表:一系列存储在一个单独的外部 CSS 文件中的 CSS 规则。利用文档文件头部分中的链接,该文件被链接到 Web 站点中的一个或者多个页面。

(2) 内部(或者嵌入式)CSS 样式表:通常写在网页最上面,是运用在

＜style＞……＜/style＞两个标签之间的 CSS 规则。

（3）内联样式表：通常使用 Style 属性将样式表插入 HTML 标签中。这个方法是所有方法中最受限制的，它离受影响的标签位置最近，对受影响的标签具有最终的控制权。

手动设置的 HTML 格式设置会覆盖应用 CSS 的格式设置。要使 CSS 规则能够控制段落格式，必须删除所有手动设置的 HTML 格式。Dreamweaver CS5 会呈现用户在文档窗口中直接应用的大多数样式属性，也可以在浏览器窗口中预览文档，以查看样式的应用情况。需要注意的是，部分 CSS 样式属性在各种浏览器中的表现有所不同，个别样式目前还不受任何浏览器支持。

8.2　CSS 样式表的语法

本节主要介绍 CSS 样式表的基本语法，包括选择符、类选择符和 ID 选择符的使用，以及 CSS 规则的组合方法等。

8.2.1　选择符

选择符的作用是连接 HTML 文档与样式表。任何 HTML 元素都可以成为选择符，如样式表规则 p｛color：red｝中的选择符是 p。选择符的基本语法如下：

选择符｛属性 1：值 1；属性 2：值 2；……｝

8.2.2　类选择符

在选择符中可以指定类名，表示该样式可以应用到具有该类名的元素上。类选择符的基本语法如下：

选择符. 类名｛属性 1：值 1；属性 2：值 2；……｝

1. 语法说明

每个选择符可以拥有多个类，也就是说可以指定多个类名。在 HTML 元素中通过 class 属性指定类名。若不指定选择符，则样式可以应用到属于该类的所有 HTML 元素上。

2. 使用范例

下面使用类选择符，为段落中的文本指定不同的字号。

第 1 段文本"大字体"的类名是"big",将该类文本的字体大小设置为 20pt;

第 2 段文本"中字体"的类名是"midd",将该类文本的字体大小设置为 15pt;

第 3 段文本"小字体"的类名是"small",将该类文本的字体大小设置为 10pt。

```
< html >
< head >
  < title > 类选择符的使用 </title >
  < style type = "text/css" >
   <! - -
   p. small{font - size:10pt}
   p. midd{font - size:15pt}
   p. big{font - size:20pt}
   - - >
  </style >
</head >
< body >
  < p class = "big" > 大字体 </p >
  < p class = "midd" > 中字体 </p >
  < p class = "small" > 小字体 </p >
</body >
</html >
```

3. 显示结果

图 8.1 所示的是使用类选择符后的显示效果。

8.2.3 ID 选择符

选择符可以通过 ID 来指定,表示样式可以应用于具有该 ID 值的元素。因为 HTML 文档中元素的 ID 值是唯一的,所以选择符中可省略元素

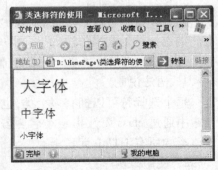

图 8.1 类选择符的使用

名。ID 选择符与类选择符虽然在 < style > 标签内的写法不太一样，但其显示在网页上的效果是一样的。ID 选择符的基本语法如下：

$$\text{\#ID 值} \{ 属性 1：值 1；属性 2：值 2；……\}$$

1. 语法说明

不要漏掉 ID 前的"#"。在 HTML 元素中通过 id 属性指定 ID 名。

2. 使用范例

下面使用 ID 选择符，为段落中的文本指定不同的字号。

第 1 段文本"大字体"的 ID 是"big"，将 ID 文本的字体大小设置为 20pt；

第 2 段文本"中字体"的 ID 是"midd"，将 ID 文本的字体大小设置为 15pt；

第 3 段文本"小字体"的 ID 是"small"，将 ID 文本的字体大小设置为 10pt。

```
< html >
< head >
    < title > ID 选择符的使用 </title >
    < style type = "text/css" >
      < ! – –
      #small{font – size:10pt}
      #midd{font – size:15pt}
      #big{font – size:20pt}
      – – >
    </style >
</head >
< body >
  < p id = big > 大字体 </p >
  < p id = midd > 中字体 </p >
  < p id = small > 小字体 </p >
</body >
</html >
```

3. 显示结果

图 8.2 所示的是使用 ID 选择符后的显示效果。

图 8.2　ID 选择符的使用

8.2.4　组合与注释

为了减少样式表的重复声明，具有相同样式的选择符可以合并在一起写，格式如下：

选择符 1,选择符 2,………

{属性 1：值 1；属性 2：值 2；……}

例如：

h1,h2,h3,h4,h5,h6 {color:red}

这样,从 < h1 > 标签到 < h6 > 标签都将会以红色字体显示。

为增加可读性,在 CSS 样式表中可以加入注释。CSS 的注释与 C 语言的注释方法一样,被注释的文字括在"/ * "和" * /"之间。注释不能嵌套,但可以换行。例如：

```
< style type = "text/css" >
 < ! —
 / * 这是一段 CSS 的注释 * /
 h1 {font-family:宋体}
 p {color:blue;font-size:20pt}
 – – >
</style >
```

8.3　创建 CSS 样式

在使用 CSS 样式之前要先创建好 CSS 的样式,这样才能对网页中的内容进行 CSS 样式的应用。除了手写 CSS 样式表外,更快捷的方法是使用 Dreamweaver CS5 提供的"CSS 样式"面板来设置。

8.3.1　"CSS 样式"面板

"CSS 样式"面板是 Dreamweaver CS5 中用来建立、修改和学习层叠样式表的中心点，它是 Dreamweaver CS5 所有面板中最复杂也是最完善的。这里将对它进行较为详细地介绍，以帮助用户更好地使用该面板。在菜单栏中执行"窗口｜CSS 样式"命令或者按下【Shift】+【F11】组合键可打开"CSS 样式"面板。默认情况下，"CSS 样式"面板是可用的，并且可以通过单击"折叠为图标"或者"展开面板"按钮来折叠或者展开面板。

在"CSS 样式"面板中有两种查看模式：全部模式和当前模式（或者叫做正在模式）。选择全部模式时，在所有规则窗格中会显示当前页面中包含的嵌入和外部样式，但不显示内联样式。选择当前模式时，会显示影响当前页面选择部分的全部样式规则，不管是内联的、嵌入的，还是外部的样式规则。

1. 全部模式

单击"CSS 样式"面板中的"全部"按钮进入全部模式。此时会发现，这个面板分成了所有规则窗格和属性窗格两个部分。所有规则窗格显示与当前页面相关的全部嵌入和外部样式规则，选择其中的任意规则，然后可以在属性窗格中查看它的属性和值，如图 8.3 所示。

在 Dreamweaver CS5 的全部模式下，能够立即判断出自定义样式是来自链接的外部样式表，还是包含在当前文档中。如果样式为嵌入的或者导入的，"CSS 样式"面板会显示包含的 < style > 标签。展开 < style > 标签可查看它是否包含样式或者导入的表，或者两者兼有。

图 8.3 "CSS 样式"全部模式

在全部模式下选择任意规则，可以在属性窗格中查看它的属性和值。默认情况下，只显示当前设置的属性。这里有 3 种方法可以显示属性，分别为显示类别视图、显示列表视图和只显示设置属性，通过单击属性窗格左下角的任一按钮进行查看。

● 显示类别视图：显示 CSS 属性和值与 CSS 的规则定义对话框相同

的 11 个类别,分别是字体、背景、区块、边框、列表、方框、定位、扩展、表、内容和引用。当准备在一个特定类别中增加一个或者多个新属性时,该视图将会非常有用。

● 显示列表视图:显示一个按字母顺序排列的属性清单。列出的是应用的属性。当知道属性的名字但懒于输入时,这种视图将会是一个不错的选择。

● 只显示设置属性视图:只显示当前设置的属性以及添加属性的选项。对 CSS 属性非常熟悉之后,就会发现这个视图的优点,它不仅分离出当前选择的属性,还提供了添加新属性的直接通道。

2. 当前模式

顾名思义,当前模式的重心在于当前选择的样式规则。单击"CSS 样式"面板上的"当前"按钮进入当前模式。与全部模式中的窗格相比较,当前模式将"CSS 样式"面板分成了3 个不同的窗格,可以通过在"CSS样式"面板里向上或者向下拖曳分割边框来调整各个窗格的大小,如图8.4 所示。

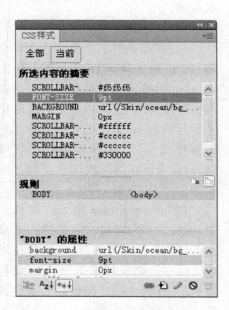

图 8.4 "CSS 样式"当前模式

在标签选择器中选择任意一个项目或者选择页面中的任何一部分,在"CSS 样式"面板的当前模式下,顶部的所选内容摘要窗格会显示该选择所有可应用的属性;中间的规则窗格用于显示关于在所选内容摘要窗格中当前选中属性的信息或者所有影响当前选择的规则,在规则窗格标题栏上有两个按钮,可以在不同的视图之间切换;当前模式下的最后一个窗格是位于底部的属性窗格,作用与全部模式下的类似。

所选内容摘要窗格列出了属性和值,并将每个项目按照它们的特殊性顺序列出。此外,如果文件中有两个属性相冲突,就只显示特性最高的那个。

但是,如何才能知道显示的属性究竟来自哪个规则呢? Dreamweaver

CS5 为用户提供了许多办法。在所选内容摘要窗格里,当鼠标指针在某个属性上方来回移动时,包括规则和文档内的属性位置就会以工具栏提示的方式显示出来。另外,在规则窗格中提供了另外一种方法:单击所选内容摘要窗格中的任意属性,如果规则窗格处于"显示所选属性的相关信息"状态,就可以看到一个介绍该属性位置的简短语句;当处于"显示所选标签的规则层叠"状态时,规则窗格将所有影响当前选择内容的规则以级联方式显示,如图 8.5 和图 8.6 所示。

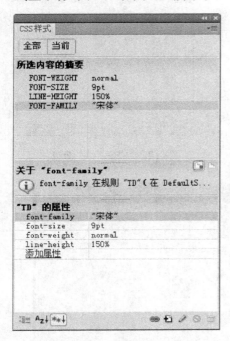

图 8.5 显示所选属性的相关信息

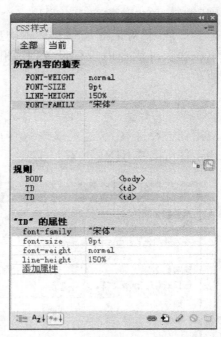

图 8.6 显示所选标签的规则层叠

无论在全部模式还是当前模式下,底部的属性窗格是一模一样的。此外,默认情况下选择的是"只显示设置属性",如有需要,可以通过单击"CSS 样式"面板底部的按钮在"显示类别视图"和"显示列表视图"之间进行切换。

8.3.2 新建 CSS 样式

新建一个空白的 HTML 文档,执行"窗口 | CSS 样式"菜单命令,将

"CSS 样式"面板打开。由于还没有对 CSS 样式做任何定义,因此"CSS 样式"面板是空的,如图 8.7 所示。其中,右下角的"禁用/启用 CSS 属性"是新增的功能。

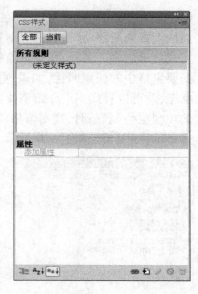

图 8.7 "CSS 样式"面板

① 在这个目前为全部模式的"CSS 样式"面板上找到右下角的"新建 CSS 规则"按钮,单击该按钮后会弹出一个"新建 CSS 规则"对话框,CSS 样式的类型可以在这个对话框内进行设置,如图 8.8 所示。

② 在"选择器类型"栏中选择一种 CSS 样式的类型,为了使创建的样式能够应用到各种标签上,这里选择"类(可应用于任何标签 HTML 元素)"选项。

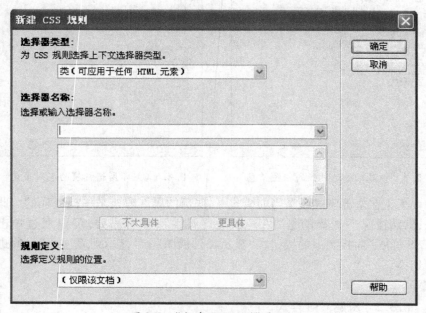

图 8.8 "新建 CSS 规则"对话框

③ 在"选择器名称"栏中为新建的 CSS 样式输入一个名称。这里将它命名为".style"。"规则定义"栏主要是选择定义规则的位置,下拉列表框中"(新建样式表文件)"选项表示用户可以新建一个样式表文件,并可以将它应用于其他的文档中;"仅限该文档"选项表示新建的 CSS 样式只适用于该文档内。这里选择"(新建样式表文件)"选项,以便将设置好的样式应用到其他的页面中。

④ 单击"确定"按钮,提示用户保存这个 CSS 样式文件。为了能够方便找到这个文件,使用和前面的样式一样的名称。

⑤ 保存完毕后,就进入了 CSS 样式的主要定义部分。这时会弹出一个对话框,在这个对话框中可以对 CSS 样式定义多种不同风格的样式,如图 8.9 所示。

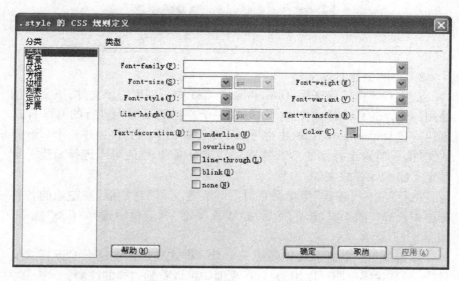

图 8.9　CSS 规则的定义

⑥ 设置完毕后(本次保持默认值)单击"确定"按钮,这样一个 CSS 样式就创建完成了,可以通过"CSS 样式"面板来查看,如图 8.10 所示。

在"CSS 样式"面板上,除了能够用"新建 CSS 规则"按钮来创建 CSS 样式,还可以使用其他的方法进行创建。例如,在"CSS 样式"面板上右击,在弹出的快捷菜单中选择"新建"命令,或者直接执行"格式|CSS 样式|新建"菜单命令,打开"新建 CSS 规则"对话框,接下来的新建步骤和前面的都一样。

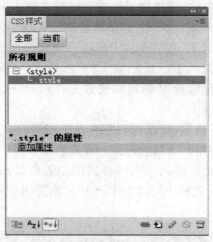

图 8.10　创建好的 CSS 样式

8.3.3　创建 CSS 文档

新建 CSS 样式完毕后，Dreamweaver CS5 中会多出一个文件，该文件就是用户保存的 CSS 样式文件。这是在一个空白的页面中进行的 CSS 样式创建。在 Dreamweaver CS5 中也可以不通过空白页面直接创建一个 CSS 样式文件，并对这个外部的 CSS 样式文件进行编辑，也还可以选择新建一个预定义的 CSS 样式文件。

执行"文件 | 新建"菜单命令，打开"新建文档"对话框，在左边的各种分类中选择"空白页"选项，然后在"页面类型"列表框中选择"CSS"选项，如图 8.11 所示。

单击"创建"按钮就可以新建一个 CSS 样式文件。在这个 CSS 样式文件中，只有代码视图可以用，并且在页面中可以看到这样的注释：

　　　　　　　　　/＊ CSS Document ＊/

这个注释用来表示当前创建的文件是一个 CSS 样式文件，它只用于介绍补充文件类型并不能被浏览器执行。在 CSS 样式文件中，可以直接使用 CSS 语言进行编写，也可以通过图形界面定义 CSS 样式表。

打开"CSS 样式"面板，单击"新建 CSS 规则"按钮新建一个规则。新建完毕后就直接打开了定义规则的对话框，在该对话框内可以对这个规则进行设置。这里将新建的规则进行如图 8.12 所示的设置。

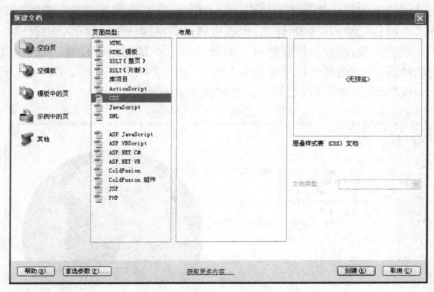

图 8.11　新建"CSS"文档

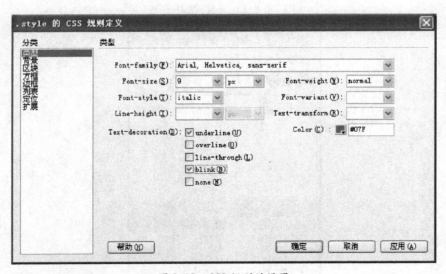

图 8.12　CSS 规则的设置

　　只对字体进行了一些简单的设置后,单击"确定"按钮后会发现,代码视图中也出现了刚才设置的相应代码,如图 8.13 所示。

使用这种方法就不必手动输入 CSS 语言,并且能够准确地设置想要的样式。设置完毕后,“CSS 样式”面板中属性窗格的一些设置项目也被激活了。这就是说,通过属性窗格可以对新建的 CSS 规则进行设置,在这里进行修改后,左边的代码视图也会根据修改而很快地更正代码。图 8.14 所示为在“CSS 样式”面板的属性窗格中设置字体属性。

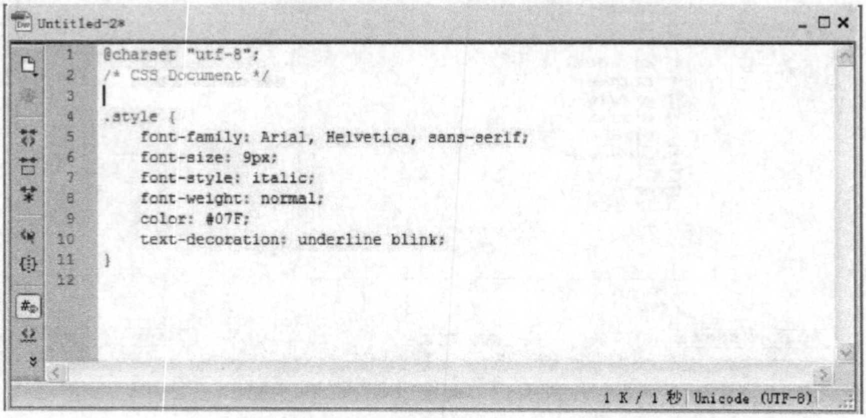

Untitled-2*
@charset "utf-8";
/* CSS Document */
.style {
font-family: Arial, Helvetica, sans-serif;
font-size: 9px;
font-style: italic;
font-weight: normal;
color: #07F;
text-decoration: underline blink;
}
1 K / 1 秒 Unicode (UTF-8)

图 8.13　代码视图

CSS样式
全部
当前
所有规则
Untitled-2
.style
".style" 的属性
color #07F
font-family Arial, Helv...
font-size 9px
font-style italic
font-weight normal
text-decora... underline b...

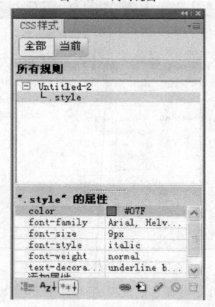

图 8.14　CSS 样式字体属性设置

8.4　编辑 CSS 样式

样式的编辑包括复制样式、重命名样式、编辑样式以及删除样式等。

8.4.1　复制和重命名样式

为了快速建立网站 CSS 样式,可以将别人定义的样式进行复制更名,再修改其中部分样式,使其个性化。这样既节省了定义样式的时间,提高了制作效率,又可保证应用的样式是当前许多网站所流行的。

复制样式有多种方法,最简单的方法是在"CSS 样式"面板中右击需要复制的样式,在弹出的快捷菜单中选择"复制"命令,跳出"复制 CSS 规则"对话框,如图 8.15 所示。该对话框和"新建 CSS 规则"对话框是相同的,系统自动为复制的样式命名。

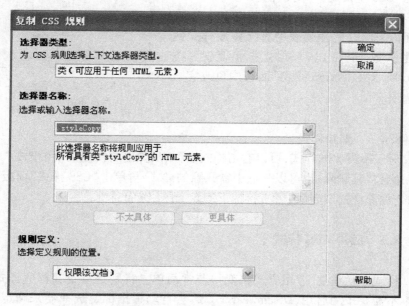

图 8.15　"复制 CSS 规则"对话框

在该对话框中不仅可以重新定义复制的样式名称,还可以重新定义选择器的类型以及样式范围。单击"确定"按钮后将在所选范围中生成新样式。

复制样式已经包含了重命名样式操作,但如果要单独重命名样式名称,可以选择"重命名"命令,但只能对自定义样式的名称进行重命名。

8.4.2 编辑样式选项

Dreamweaver CS5 提供了多种方法来编辑样式,最常用的方法是在"CSS 样式"面板中双击要编辑的样式,此时将跳出该样式的"CSS 规则定义"对话框,该对话框与"新建CSS 样式"对话框相同,在其中可以定义CSS 样式的八大类别。另外,也可以先单击样式名称,然后单击"CSS 样式"面板下的"编辑样式"按钮,同样会跳出当前选中样式的"CSS 规则定义"对话框。

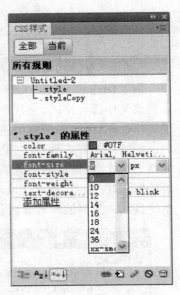

图 8.16 在"CSS 样式"
面板中更改字号

在"CSS 样式"面板中选择相应样式,在该面板下面的属性列表中直接修改样式的属性参数,也可以对样式进行编辑。图8.16 所示为在"CSS 样式"面板中更改字号的选项。

8.4.3 删除样式

对于不需要的样式,可以右击样式名称,从弹出的快捷菜单中选择"删除"命令将其删除;也可以先选中欲删除的样式,再单击"CSS 样式"面板下方的"删除样式"按钮或者直接按下键盘上的【Delete】键。

8.5 应用 CSS 样式

样式一旦建立,应用样式将变得非常简单。特别是重定义标签样式,根本不需要手动启用,Dreamweaver CS5 会自动根据标签选择器来确定哪些标签会显示定义的样式。对于应用外部样式表文件中的样式,首先要把外部样式表文件链接到当前页面。

8.5.1 链接外部样式表文件

创建外部样式表文件(扩展名为.css)时,Dreamweaver CS5 自动将其链接到当前页面,若要将该样式应用到其他页面,可单击"CSS 样式"面板中的"附加样式表"按钮,打开如图 8.17 所示的"链接外部样式表"对话框。

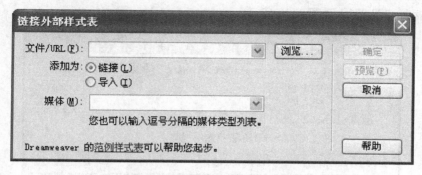

图 8.17　"链接外部样式表"对话框

该对话框主要选项的功能介绍如下。

● "文件/URL"文本框:用于输入或者显示使用"浏览"按钮找到的外部 CSS 文件。

● "链接/导入"选项:两者的功能相似,都是将外部 CSS 文件添加到页面中。不同之处在于选择"链接"选项,能够被多数浏览器支持;而选择"导入"选项,Netscape Navigator 4 浏览器将无法识别。

● "媒体"下拉列表框:用于选择能表现最佳样式的输出设备进行预览。如图 8.18 所示的下拉列表中有很多输出设备,其中"print"(打印)和"screen"(屏幕)最为常用。

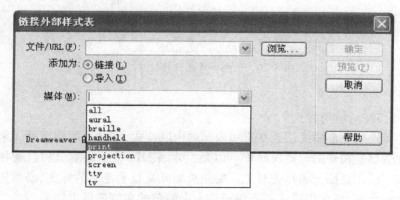

图 8.18　"媒体"下拉列表框

设置好"链接外部样式表"对话框中的参数后，单击"确定"按钮，在"CSS 样式"面板中会出现相应样式文件名、外部样式表文件中定义的样式类型，如图 8.19 及图 8.20 所示。

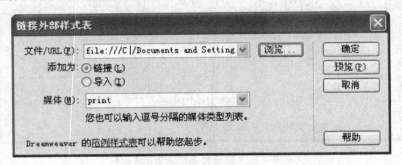

图 8.19　链接外部样式表

图 8.20　外部样式表文件链接效果

8.5.2　应用样式

无论是外部样式还是在页面内部的内联样式，将其应用到页面元素上的方法都是相同的。页面元素可以是文本、图片、整个段落、链接、表格等任何可以在页面上显示的对象。要使页面元素显示定义的样式，必须先选中页面元素，再应用样式。下面通过一个简单的实例进行说明。

① 在文档窗口中选择要应用样式的对象。

② 在属性检查器中单击"CSS"按钮,切换到文本的 CSS 属性检查器面板。

③ 在属性检查器中单击"目标规则"右侧的下拉箭头,从下拉列表中选择需要的应用样式,所选的样式即可应用于文本上,如图 8.21 所示。

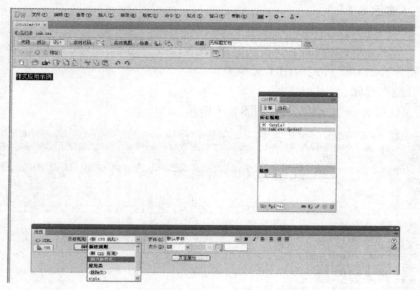

图 8.21　应用样式

8.5.3　取消应用的样式

当要取消某些元素上应用的样式时,可以选中要取消样式的元素,然后在 HTML 属性检查器中选择"类"下拉列表中的"无"选项,即可取消选定元素的样式。

本章小结

　　本章主要介绍了级联样式表中常用属性的作用、语法及使用方法,并以实例的形式说明了 CSS 的使用方法。本章中所举例子相对简单,可以很好地帮助初学者入门。此外,由于许多属性名和 HTML 语言中的属性名稍有不同,读者应当将两者作区分和比较,以免混淆。

[实例8.1]

实例说明：制作样式并应用于文档中。

实例分析：本实例主要包括创建、设置以及应用 CSS 样式等操作，将一个制作好的 CSS 样式应用于文档中。

操作步骤：

① 打开一个文档，如实例图 8.1 所示。

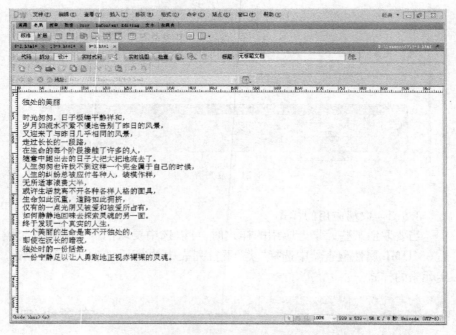

实例图 8.1　打开一个文档

② 执行"窗口｜CSS 样式"菜单命令，打开"CSS 样式"面板，单击其底部的"新建 CSS 规则"按钮，在弹出的"新建 CSS 规则"对话框的"选择器类型"下拉列表中选择"类"选项，在"选择器名称"文本框中输入"b1"，如实例图 8.2 所示。

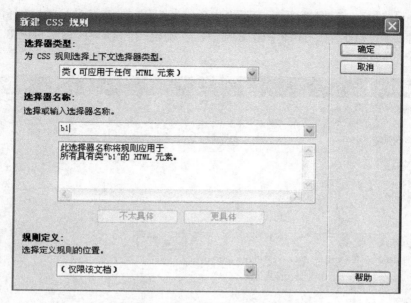

实例图 8.2 "新建 CSS 规则"对话框

③ 单击"确定"按钮,弹出"CSS 规则定义"对话框。选择"类型"选项,在此对话框中设置字体为"华文隶书",设置大小为"36px",在 Text-decoration 选项组中勾选"blink"复选框,设置颜色为"#06F",如实例图 8.3 所示。

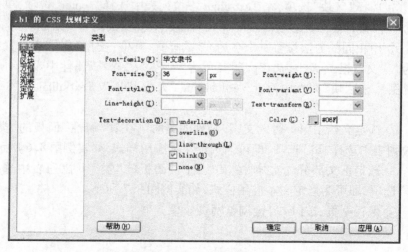

实例图 8.3 设置"类型"属性

④ 选择"背景"选项,在对话框中单击"浏览"按钮,在弹出的"选择图像源文件"对话框中选择一张图像,单击"确定"按钮即可,如实例图 8.4 所示。

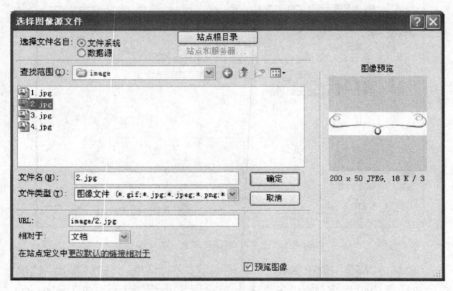

实例图 8.4 "选择图像源文件"对话框

⑤ 选择"区块"选项,在 Text-align 下拉列表中选择"center"选项,单击"确定"按钮,此样式出现在"CSS 样式"面板中,如实例图 8.5 所示。

⑥ 用相同的方法设置一个名为 b2 的样式,其中"类型"属性中设置字体为"华文行楷",大小为"18px",颜色为"#FFF";"背景"属性中设置一个背景图片;"区块"属性中设置 Vertical-align 为"middle",Text-align 为"center"。

⑦ 选定文档中第 1 行的文字"独处的美丽",在其"属性"面板的"类"下拉列表中选择"b1"选项,即可为选定文本应用样式,如实例图 8.6 所示。

⑧ 选定正文部分的文本,在其"属性"面板的"类"下拉列表中选择"b2"选项,即可为选定文本应用样式,如实例图 8.7 所示。

⑨ 保存网页,按【F12】键浏览网页效果。

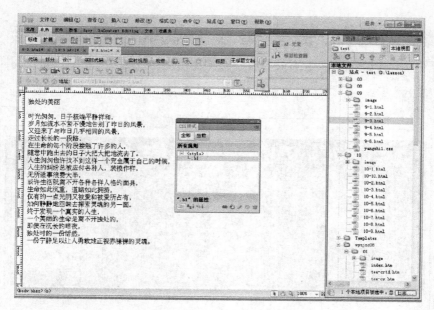

实例图 8.5　b1 样式创建完成

实例图 8.6　选定文本应用样式 b1 后的效果

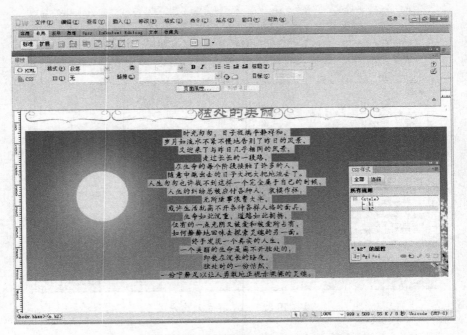

实例图 8.7　选定文本应用样式 b2 后的效果

思考与练习

1. CSS 是什么的缩写，中文可以译为什么？级联样式表的 3 种类型分别是什么？

2. 样式类分为哪 3 种？外部样式表通常是一个扩展名是什么的纯文本文件？外部样式表的载入有哪两种方法？

3. 请在网上搜索 CSS 资源，并在自己的网页中载入。

4. 请按照以下要求完成网页的制作。

（1）新建文本文件。

（2）编辑将 2 号标题（<h2>）显示为红色的规则。

（3）编辑段落（<p>）中的文字为 10 磅字体的规则。

（4）将文字扩展名改为 CSS 并保存。

（5）再新建文本文件。

（6）编写 HTML 代码，要求载入刚才编辑的 CSS 文件。

（7）在正文部分引用样式表中的规则，显示相应的字体。

（8）将文件扩展名改为 HTML 并保存。

5. font-variant（字形变体）属性的作用是什么？在 CSS 定位属性中，指定元素上和下的位置的属性是什么？能使文字产生立体效果的滤镜有哪 3 种？

6. 请用 4 种不同的颜色值表示方式表示蓝色。对于规则．"b1 { border-color：:red yellow blue}"，边框的上、下、左、右的颜色分别是什么？

7. 请设置某元素（如一段文字）的边框粗细为 2 像素，线形为双线，查看其效果，并说明原因。

8. 按以下要求完成网页的制作：

（1）编辑简单网页，包含任意文字。

（2）采用文档级样式表，编辑设置字体和颜色的规则，参数自定。

（3）编辑使用发光和波纹滤镜的规则，使文字产生发光和波纹滤镜的效果。

（4）使用定位属性，使文字产生重叠效果。

（5）将网页以文件名 css.html 保存。

第9章 网页中的模板与库

模板和库都属于一种相对固定的公共文件或网页元素,使用模板和库有以下好处:通过模板和库来建立页面,可以自动形成页面相对固定的部分(锁定区域),设计人员只要向可编辑区域添加网页元素即可,大大提高了制作的效率;使用模板和库建立的网页,均具有相同的结构和版式,有利于网页风格的统一,使各个页面体现出整体感,方便日后的维护工作;当某些共同的元素需要修改时,不必打开每个网页去逐个修改,只需修改模板或库元素即可使所有应用模板或库元素的页面自动更新,提高网页维护的效率。因此,模板和库在网页设计中占有较重要的地位。本章重点介绍编辑及使用模板、编辑库及使用库元件的方法。

9.1 模板的使用

模板是一种特殊类型的文档,扩展名为. dwt,用于设计"固定的"页面布局,可产生带有固定特征和共同格式的文档基础,是用户进行批量生产文档的起点。可见,模板是创建网页的基础,制作模板就是要在布局上安排好需要相对固定的网页元素,然后指明哪些是"可编辑区域",供以后制作基于模板的网页时填入内容。

9.1.1 创建模板

在 Dreamweaver CS5 中,可以生成空白模板,也可将打开的文件保存为模板。

1. 新建空白模板

① 执行"窗口│资源"菜单命令,在打开的"资源"面板上单击"模板"按钮,打开"模板"面板。

② 在"模板"面板上单击右上角的按钮,弹出下拉菜单,在菜单中选择

"新建模板"命令,或者单击面板右下角的"新建模板"按钮,即可创建模板。

③ 在"名称"下输入新模板的名称,按【Enter】键确定。

这时便在面板上创建了一个空模板,如图9.1所示。

2. 将文件保存为模板

打开要保存为模板的文件,执行"文件 | 另存为模板"菜单命令,打开"另存模板"对话框。在"站点"列表中选择一个站点,"现存的模板:"显示的是当前系统中存在的模板,在"另存为"文本框中输入名称,单击"保存"按钮完成设置。

将当前编辑的文件保存为模板后,可将其作为模板使用,如图9.2所示。

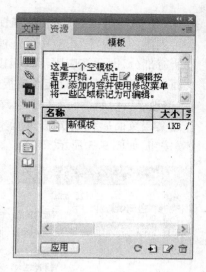

图9.1 创建空白新模板

图9.2 将文件另存为模板

3. 设计模板

通过面板创建空白模板后,可以对该模板进行编辑。具体步骤如下:打开"资源"面板,单击"模板"按钮打开"模板"面板。在面板中选择要进行编辑的模板,单击面板右下角的"编辑"按钮,打开模板编辑窗口,在窗口中设计模板,然后保存。

9.1.2 设计模板文档的属性

创建一个模板后,应用这些模板的文档会继承该模板中除页面标题外的所有部分,因此在应用了模板以后,只能更改文档的标题而不能更改其页面属性。页面属性只能在模板中设置,具体步骤如下:打开模板文档,执行"修改|页面属性"菜单命令,在打开的"页面属性"对话框中参照设置普通文档页面属性的方法设置文档模板的页面属性,设置完后单击"确定"按钮,如图9.3所示。

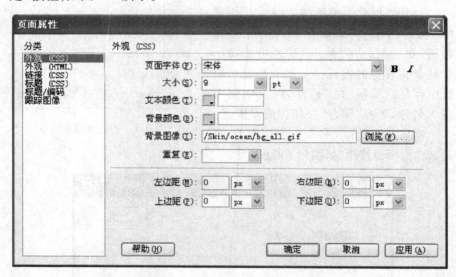

图9.3　设置文档模板的页面属性

9.1.3 定义模板区域

Dreamweaver CS5中共有4种类型的模板编辑区域:可编辑区域、重复区域、可选区域和可编辑的可选区域。

1. 定义可编辑区域

可编辑区域是指页面中可以更改的部分,不可编辑区是指页面中不可更改的部分。在模板文件上,可指定哪些元素能修改,哪些不能修改,即设置可编辑区和不可编辑区。具体方法如下:

① 将光标放在要插入可编辑区的位置,在执行"插入|模板对象|可编辑区域"菜单命令,打开"新建可编辑区域"对话框,在"名称"文本框内

输入有关可编辑区域的说明,如图9.4所示。

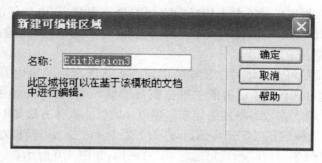

图9.4 定义可编辑区域

②单击"确定"按钮,即可在光标位置插入可编辑区域,如图9.5所示。

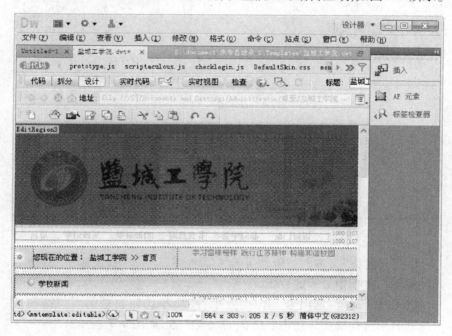

图9.5 网页中定义的一处可编辑区域

③单击该标签项,可选定可编辑区域;按【Delete】键,可删除可编辑区域。当然,也可以将页面中已有的元素定义为可编辑区域,操作方法与新建可编辑区域相同。

2. 定义可选区域

可选区域可控制不基于模板的文档的显示内容，它由条件语句控制，位于单词"if"之后。根据模板中设置的文件，可定义该区域在创建的页面中是否可见。

可编辑的可选区域可以让模板用户在可选区域内编辑内容。用户可以在"新建可选区域"对话框中创建模板参数和表达式，或者通过在"代码"视图中输入参数和条件语句来创建可选区域。具体方法如下：

① 将光标放在要定义可选区域的位置，执行"插入｜模板对象｜可选区域"菜单命令，打开"新建可选区域"对话框，如图9.6所示。

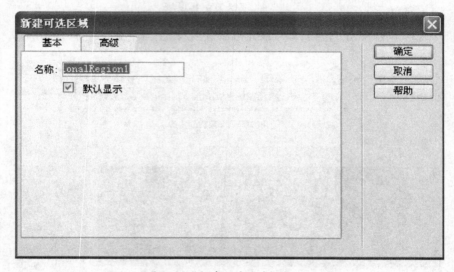

图9.6 "新建可选区域"对话框

② 在"名称"文本框中输入可选区域名称。勾选"默认显示"复选框，可设置要在文档中显示的区域。

③ 打开"高级"选项卡，单击"使用参数"单选钮右端的下拉按钮，在下拉列表中选择要与选定内容链接的现有参数，如图9.7所示。

④ 选定"输入表达式"单选钮，并在下面的组合框中输入表达式内容。单击"确定"按钮，即可在模板文档中插入可编辑区域。

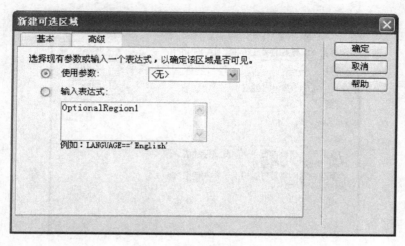

图9.7 设置可选区域参数

3. 定义重复区域

重复区域不是可编辑区域。若要使重复区域内在组合框中的内容可编辑，必须在重复区域中插入可编辑区域。具体方法如下：

① 将光标置于要定义重复区域的位置，执行"插入|模板对象|重复区域"菜单命令，打开"新建重复区域"对话框，如图9.8所示。

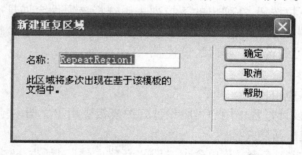

图9.8 "新建重复区域"对话框

② 在"名称"文本框中输入重复区域的提示信息，然后单击"确定"按钮，即可在光标处插入重复区域。

4. 可编辑标签属性

选定要设置可编辑标签属性的对象，执行"修改|模板|令属性可编辑"菜单命令，打开"可编辑标签属性"对话框，如图9.9所示。

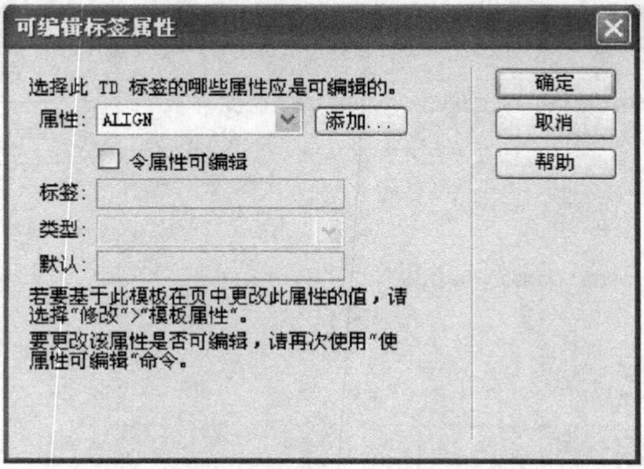

图 9.9 "可编辑标签属性"对话框

在"属性"下拉列表中选择可编辑的属性,若没有需要的属性,则单击"添加"按钮,打开 Dreamweaver CS5 对话框,在文本框中输入要添加的属性名称,单击"确定"按钮完成添加。

勾选"可编辑标签属性"对话框中的"令属性可编辑"复选框,则其下方的选项处于可编辑状态。在"标签"文本框中输入标签名称;单击"类型"右侧的下拉按钮,在弹出的下拉列表中选择该属性允许具有的值的类型;在"默认"文本框中输入所选标签属性的值。最后,单击"确定"按钮,完成该对象可编辑标签属性的设置。

9.1.4 应用模板

在网页设计过程中用户可将设计好的模板应用于文档中。

1. 从模板新建文档

执行"文件丨新建"菜单命令,打开"新建文件"对话框,选择"模板"选项卡,并从中选择要应用的模板,如图 9.10 所示。然后,单击"创建"按钮,即可创建一个应用该模板的页面。在模板中的相应部分输入内容后,保存为网页即可。

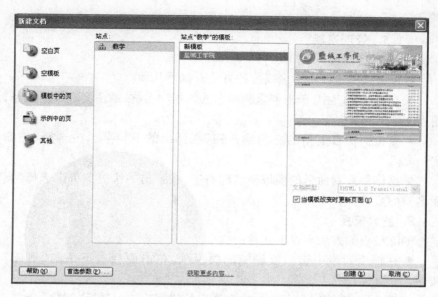

图 9.10　从模板新建文档

2．模板应用到有内容的文档

执行"文件｜新建"菜单命令，打开"新建文件"对话框，新建一个 HTML 文档并输入文本。在"模板"面板中选择要应用的模板文件，单击左下角的"应用"按钮即可，如图 9.11 所示。

3．页面与模板脱离

打开应用模板的文档，执行"修改｜模板｜从模板中分离"菜单命令，就可以将当前文档与模板分离。这时文档中的不可编辑区域会自动转变为可编辑区域。需要说明的是，此时的文档实际上已经变成了普通文档，可以对文档的任何部分进行编辑。

图 9.11　将模板应用到文档

9.1.5 管理模板

1. 重命名模板

对模板文件进行重命名操作的方法有以下几种：

● 在模板列表中，单击要重新命名的模板项名称，激活文本编辑状态，输入文本。

● 单击面板右上角的三角形按钮，在弹出的下拉菜单中选择"重命名"命令。

● 选中要重新命名的模板项名称右击，在弹出的快捷菜单中选择"重命名"命令。

2. 删除模板

删除模板的方法有以下几种：

● 在模板列表中选中要删除的模板项，单击面板右下角的"删除"按钮。

● 选中要删除的模板项右击，在弹出的快捷菜单中选择"删除"命令。

● 单击面板右上角的三角形按钮，在弹出的下拉菜单中选择"删除"命令。

9.2 库的使用

库（library）是保存和管理网站中重复使用的页面元素的一个文件夹。Dreamweaver CS5 允许把网站各网页中需要重复使用的页面元素（如图像、文字等）存入库中，存放在库中的元素称为库元素。

在建设网站的过程中，常常会碰到这种情况：站点的各页面中都会有一些内容被重复使用，如网站的标题、公司地址、版权说明、站标等。这些内容要更新时，如果将网页一页一页打开进行修改，将是一件极为繁琐的重复工作。库的使用就可以有效地避免这种情况的发生，将这些内容作为库元素放在库中，使用时直接从库中拖到网页中引用；需要修改时，直接修改库元素即可，与模板类似，所有应用库元素的页面将得到自动更新。

库与模板有些类似，相同之处是均可被应用于多个网页，有利于对网站的维护，不同之处是模板是针对一个页面，而库是针对于页面的某个元素,并且在同一页面中也可反复多次使用库元素。

9.2.1 创建库

创建库有两种方法,一是直接新建库文件,二是把所选择的页面元素转换为库文件。选定页面元素转换为库文件的步骤如下:

① 在页面中选择一个或多个元素,如网页中的版权声明文字"2012 年人才引进计划和待遇"。

② 执行"修改│库│添加对象到库"菜单命令,弹出"资源"面板,选择"库"选项,如图 9.12 所示。

"库"面板中显示出刚添加的库文件,单击库名称可以将其重命名,如"人才引进"。如果是第 1 个库文件,则将在站点中生成一个新文件夹"Library",并生成库文件"人才引进. lbi",如图 9.13 所示。

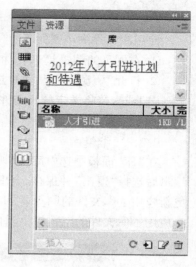

图 9.12　库面板

图 9.13　生成"人才引进. lbi"文件

"库"面板右下方还显示"刷新站点列表"、"新建库文件"、"编辑（库文件）"、"删除（库文件）"等按钮，按下"新建库文件"按钮，即可创建一个新的库文件。

9.2.2　使用库

使用库文件的步骤如下：

① 在网页的编辑状态下，将光标置于要插入库文件之处。

② 打开"资源"面板，选中想要插入的"库"文件，单击面板下方的"插入"按钮或直接将选定的库文件拖到页面中。

9.2.3　编辑库

在"库"面板中选中库文件，按下"编辑"按钮，即可直接编辑库文件，编辑后选择"退出"并保存，会出现"更新库项目"提示对话框，提示是否要更新应用了库文件的网页（项目），如图 9.14 所示。按下"更新"按钮，所有应用了库文件的网页将得到自动更新。

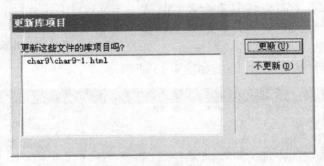

图 9.14　"更新库项目"对话框

本章小结

　　Dreamweaver CS5 的模板是一个后缀名为 .dwt 的特殊页面文档,该文档存储在站点根目录下的 Templates 文件夹中,是在模板设计视图中制作的固定页面布局。使用模板,既能快速创建网站,又能使各个网页的风格保持一致。

　　而库文件可类比于一个元件,它是网页一组元素的集合,可以是文字、图像、表格、视频等,库文件可以在一个页面重复使用,也可以在不同页面应用。当库文件发生变化时,所有应用这种"元件"的网页文件可以自动更新。

［**实例 9.1**］

实例说明:学校计划建立一个精品课程网站,其中左侧栏目包含有 4 个二级栏目,分别是"教学设计"、"教学实践"、"教学成果"、"经验交流"等。为了风格上的统一,4 个二级栏目的页面采用基本相同的设计,仅右下方较大区域显示对应 4 个二级栏目的具体内容,为此,可使用模板来建立。

实例分析:本实例将利用所学知识,在模板文件中创建可编辑区域,并在其中输入内容。

操作步骤:

① 执行"文件│新建"菜单命令,弹出"新建文档"对话框,如实例图 9.1所示。在"类别"栏中选择"模板页│HTML 模板"选项,单击"创建"按钮进入网页编辑状态。

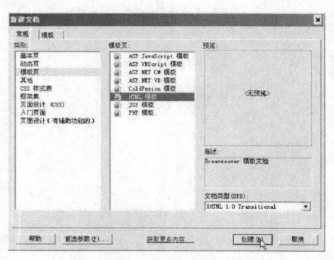

实例图 9.1 "新建文档"对话框

② 按建立网页的一般操作,将需要相对固定的元素放置好,并设置相应的链接,如实例图 9.2 所示。

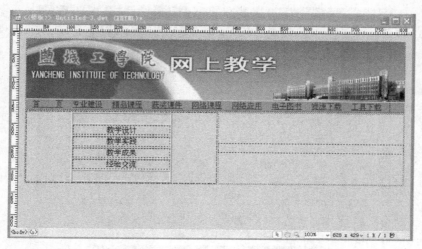

实例图 9.2　模板示例

③ 在二级栏目内容区域内执行"插入｜模板对象｜可编辑区域"菜单命令,弹出"新建可编辑区域"对话框,单击"确定"按钮,如实例图 9.3 所示。

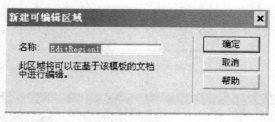

实例图 9.3　"新建可编辑区域"对话框

④ 同步骤③,在图片区域插入"可编辑区域",如实例图 9.4 所示。

⑤ 关闭文档,确定将保存到的"站点"并输入模板名,如"network-teach",单击"保存"按钮即可,如实例图 9.5 所示(创建模板文件的同时,也在站点中自动创建了一个文件夹"Templates",一般情况下,模板文件均保存在该文件夹中),模板文件的后缀名为. dwt。

⑥ 执行"文件｜新建"菜单命令,弹出"新建文件"对话框,选择"模板"选项卡,选择了站点后将出现该站点可用的各模板列表,如实例图 9.6 所示。

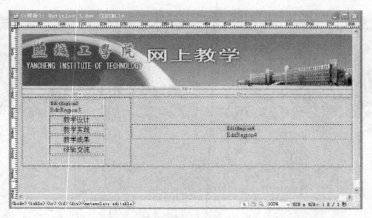

实例图 9.4 在"图片区域"中插入可编辑区域

实例图 9.5 保存模板

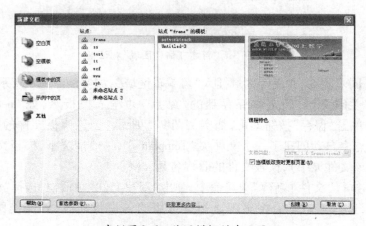

实例图 9.6 使用模板创建网页

⑦ 单击"创建"按钮进入网页编辑状态。此时只能在原设定的可编辑区域(图片区域和二级栏目内容区域)进行编辑,其余区域内容则固定不变。按此方法,可创建栏目下 4 个二级栏目对应的页面,使其 4 个页面均具有相同的风格。

⑧ 使用模板创建的网页,除可编辑区域外,其余部分是相对固定的,一般不可以编辑。当确实需要编辑时,可以将页面与模板分离。执行"修改|模板|从模板中分离"菜单命令,此时网页所有区域均为可编辑区域。页面与模板分离后,不再与模板发生联系,即使模板发生变化也与分离的页面无关了。

⑨ 修改模板只需打开模板文件夹中的模板文件即可进行,比如修改上述模板左侧的底色以及下方文字和颜色等。当修改完毕关闭模板文件时,会跳出"更新模板文件"对话框,如实例图 9.7 所示。

一般应选择"更新",此时所有应用该模板的文件可以得到自动更新。

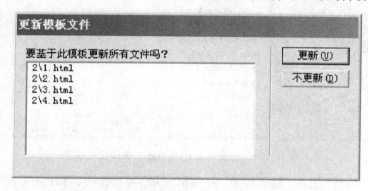

图 9.7 "更新模板文件"对话框

一般网站都包含几十甚至上百个网页文件,制作与维护工作量都很大,而使用模板创建网页,可减少大量重复的操作,同时也方便网站的维护。使用模板创建的页面,除固定区域外,可编辑区域与普通的网页是一样的,也可以添加各种网页元素,如图像、表格、文字、动画等。

[实例 9.2]

实例说明:模板与库元素的应用实例。

实例分析:本实例将利用所学知识,在模板文件中创建可编辑区域,并在其中输入内容,然后插入库元素。

操作步骤：

① 打开一个模板文件，将光标置于要创建可编辑区的位置，如实例图9.8 所示。

实例图9.8　将光标置于要创建可编辑区的位置

② 执行"插入│模板对象│可编辑区域"菜单命令，打开如实例图9.9 所示的"新建可编辑区域"对话框。

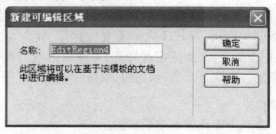

实例图9.9　"新建可编辑区域"对话框

③ 单击"确定"按钮，即可在指定位置创建一个可编辑区域，在可编辑区域中插入图像并输入文字，得到如实例图9.10所示的效果。

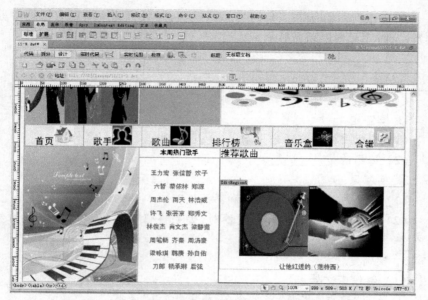

实例图 9.10　在可编辑区域中插入图像并输入文字

　　④ 将光标置于要应用库项目的位置,打开"库"面板,在其中选择要应用的库项目,如实例图 9.11 所示。

实例图 9.11　选择要应用的库项目

⑤ 单击"库"面板左下角的"插入"按钮,即可将此库项目应用到指定位置,这时库元素以高亮显示。

思考与练习

1. 填空题

（1）模板中的区域可分为_____区域和_____区域。

（2）库指的是_____。

2. 问答题

（1）模板与库有什么相同点和不同点?

（2）在使用模板创建网页文件时,如果要修改不可编辑区域应如何操作?

3. 实训题

（1）制作库文件

① 执行"窗口|资源"菜单命令,弹出"资源"面板。

② 单击"新建库"按钮,并命名为"menu"。

③ 按下图设计页面,并设置各链接为空链接,建立一个库文件。

（2）制作并使用模板

① 执行"文件|新建"菜单命令,选择创建一个模板文件。

② 按照下图制作一个模板,其中的标题和菜单栏使用 menu 库文件。

③ 使用该模板,创建 4 个对应二级栏目"教学设计"、"教学实践"、"教学成果"、"经验交流"的网页文件。

第 10 章　动态网页制作技术

　　动态网页是指跟静态网页相对的一种网页编程技术。静态网页在页面代码编写完成后,页面的内容和显示效果就基本上不会发生变化了。而动态网页则不同,即使页面代码没有变化,显示的内容也可以随时间、环境或者数据库内容而发生改变。动态网页制作技术是基本的 html 语法规范与 Java,VB,VC 等高级程序设计语言、数据库编程等多种技术的结合,以期实现对网站内容和风格的高效、动态和交互式的管理。从这个意义上来讲,只要是结合了 HTML 以外的高级程序设计语言和数据库技术进行的网页编程技术生成的网页都是动态网页。本章着重介绍几种常见的动态网页制作技术。

10.1　ASP 技术

　　ASP(Active Server Pages)是 Microsoft 推出的 Web 服务器端程序开发技术,是利用 HTML 语言、服务器端脚本以及 COM 组件快速开发动态的、交互式的 Web 服务器端的应用程序。ASP 与 Internet 上的 Web 服务有着密切的关系。要想真正了解 ASP,首先要弄清楚 ASP 的基本概念、ASP 的工作原理以及安装与配置 ASP 运行环境的方法。

10.1.1　什么是 ASP

　　ASP 是一种服务器端脚本环境,内含于 IIS 3.0 以上版本之中。ASP 定义服务器端动态网页的开发模型,使用它可以组合 HTML 页、脚本命令和 ActiveX 组件,以创建交互的 Web 页和基于 Web 的功能强大的应用程序。

　　ASP 不是一种编程语言,而是一种服务器端脚本程序的执行环境。也就是说,ASP 程序的开发是独立于语言的(尽管最常用的是 VBScript 和

JScript 两种脚本语言）。从理论上讲,任何支持组件和对象的语言都可以用来开发 ASP 程序,前提是具有该语言相对应的解释器。ASP 提供了丰富的内置对象来进行 Web 服务器端程序的开发,利用脚本语言就可以控制这些对象来处理 Web 程序设计中需要解决的大多数问题。通过 ASP 可以轻松地使用可重用的 COM 组件,这使 ASP 具有十分强大的功能。可以说,ASP 就像一座熔炉,可以让用户把 HTML 标记、客户端脚本、服务器端脚本代码和 COM 组件组成功能强大的 Web 应用程序。

ASP 的主要特点表现如下:

（1）运行在服务器端。在服务器端动态生成 HTML 代码,并可以接受和处理客户端提交的数据,然后将结果返回到客户端。因此,ASP 可以生成动态的、交互式的网页,并使 Web 程序能够充分地利用服务器端丰富的资源和服务,如访问数据库、处理邮件等。

（2）使用 VBScript, JScript 等简单的脚本语言编写。也就是说,编写好的 ASP 文件实际上是一个以.asp 命名的文本文件,在形式上和 HTML 文件十分相似,只是在 Web 服务器对它的处理有所不同,这使程序的管理、维护和修改都十分方便。

（3）采用将脚本嵌入到 HTML 的方法。这使用户可以轻松地从 HTML 知识过渡到服务器端程序的开发上来,也使开发过程变得十分方便。

（4）与客户端平台无关。因为 ASP 在服务器端被处理后返回的是 HTML 代码,所以任何浏览器都能很好地工作。

（5）ASP 提高了程序的安全性。因为 ASP 脚本只在 Web 服务器上执行,在客户端计算机浏览器中可以看到脚本的执行结果(即 HTML 静态网页),但看不到 ASP 源代码本身。

（6）内置功能强大的对象和组件。这使开发人员能够利用它们快速地建立功能强大的 Web 应用程序。例如,可以从 Web 浏览器中获取用户通过表单提交的信息,并在脚本中对这些信息进行处理,然后向 Web 浏览器发送信息。

（7）使用 ADO(ActiveX Data Objects)数据库访问技术,这使访问数据库变得很容易。

（8）与 Microsoft 强大的 COM 组件技术紧密结合,这使 ASP 具有无穷的扩充性和良好的可重用性。

10.1.2　ASP 的工作流程

ASP 程序只能在 Web 服务器端执行,用户运行 ASP 程序时,浏览器从 Web 服务器上请求. asp 文件,ASP 脚本开始运行,然后 Web 服务器调用 ASP,执行所有脚本命令,并将 Web 页传送给浏览器。由于脚本在服务器上运行,传送到浏览器上的 Web 页是在 Web 服务器上生成的 ASP 源代码的一次运行结果,Web 服务器已经完成了所有脚本的处理,并将标准的 HTML 传输到浏览器。由于只有脚本的结果返回到浏览器,而代码是需要经过服务器执行之后才向浏览器发送的,所以在客户端无法获得源代码。ASP 的工作流程可以描述如下:

（1）当用户在浏览器的地址栏中输入一个 ASP 动态网页的 URL 地址,并单击“转到”按钮时,浏览器向 Web 服务器发送了一个 ASP 文件请求。

（2）Web 服务器收到该请求后,根据扩展名. asp 判断出这是一个 ASP 文件请求,并从硬盘或内存中获取所需 ASP 文件,然后向应用程序扩展软件 Asp. dll 发送 ASP 文件。

（3）Asp. dll 自上而下查找、解释并执行 ASP 页中包含的服务器端脚本命令,处理的结果是生成 HTML 文件,并将 HTML 文件送回 Web 服务器。

（4）Web 服务器将生成的 HTML 文件发送到客户端计算机上的 Web 浏览器,然后由浏览器负责对 HTML 文件进行解释,并在浏览器窗口中显示结果。

10.1.3　安装与配置 ASP 运行环境

要使用 ASP 创建动态网页,就必须配置好 ASP 的运行环境。对于服务器端,必须在 Windows 操作系统上构架 Web 服务器,才能够运行 ASP 程序;对于 Windows 2000 系列和 Windows XP Professional 操作系统,需要安装 IIS 5.0(Internet Information Server)或以上版本;对于 Windows 2003 系列操作系统需要安装 IIS 6.0 版本。

而对于客户端,只要运行浏览器软件,通过 HTTP 就能访问服务器上的 ASP 文件。需要说明的是,由于 Windows XP home(家庭版)操作系统不自带 IIS,所以不能搭建 ASP 运行环境。本书将以 Windows XP 操作系统为例,讲述 IIS 服务器的安装和配置方法,其他操作系统与之类似。

1. 安装 IIS 服务器

若操作系统中还未安装 IIS 服务器,可在打开的"控制"面板上单击
"添加/删除程序",在弹出的对话框中选择"添加/删除 Windows 组件",打
开"Windows 组件向导"对话框,如图 10.1 所示。

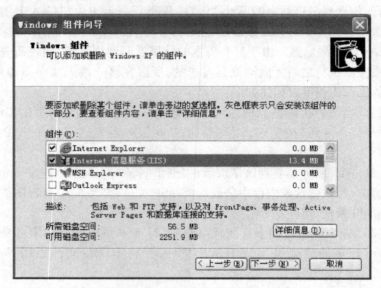

图 10.1 "Windows 组件向导"对话框

在"Windows 组件向导"对话框中选中"Internet 信息服务(IIS)",然后
单击"下一步"按钮,按向导指示完成对 IIS 的安装,安装过程如图 10.2
所示。

2. 启动 Internet 信息服务(IIS)

Internet 信息服务简称为 IIS,执行"开始 | 设置 | 控制面板 | 管理工具 |
Internet 信息服务(IIS)管理器"菜单命令,即可启动"Internet 信息服务"管
理工具,如图 10.3 所示。

3. 配置 IIS

IIS 安装后,系统自动创建了一个默认的 Web 站点,该站点的主目录
默认为 C:\\Inetpub\\www. root。右击"默认 Web 站点",在弹出的快捷菜
单中选择"属性"选项,打开站点属性设置对话框,如图 10.4 所示。

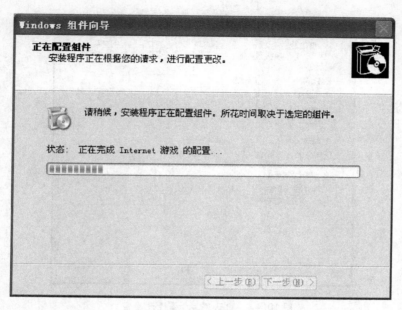

图 10.2 "Windows 组件向导"安装过程图

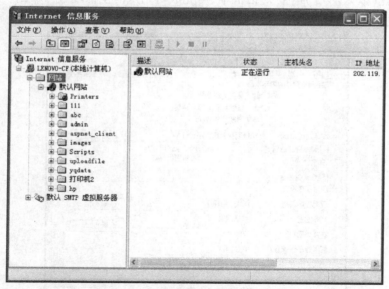

图 10.3 "Internet 信息服务"窗口

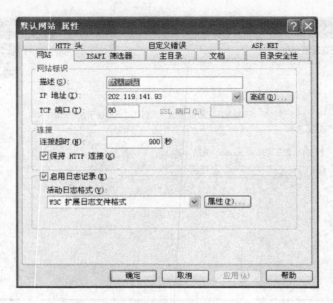

图 10.4 "默认网站"属性设置窗口

在"默认网站 属性"对话框中,可完成对站点的全部配置。单击"主目录"选项卡,切换到主目录设置页面,如图 10.5 所示。

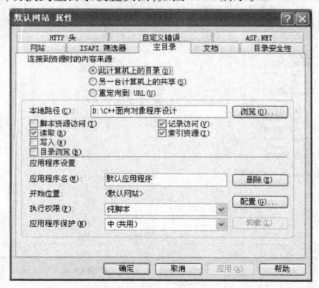

图 10.5 "主目录"设置窗口

在"主目录"设置窗口可实现对主目录的更改或设置。单击"配置"按钮，在弹出的"应用程序配置"窗口中单击"选项"选项卡，注意检查"启用父路径"选项是否勾选，如未勾选将对以后的程序运行产生影响，如图 10.6 所示。

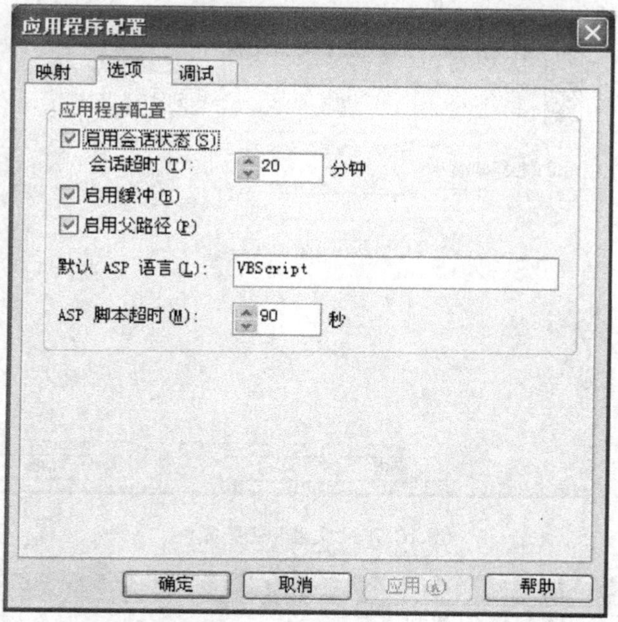

图 10.6 "选项"设置窗口

此外，在"默认网站 属性"窗口中单击"文档"选项卡，即可切换到对主页文档的设置页面，如图 10.7 所示。

主页文档是在浏览器中键入网站域名，而未制定所要访问的网页文件时，系统默认访问的页面文件。常见的主页文件名有 index. htm, index. html, index. asp, index. php, index. jap, default. htm, default. html, default. asp 等。IIS 默认的主页文档只有 default. htm 和 default. asp，根据需要，利用"添加"和"删除"按钮，可为站点设置所能解析的主页文档。

4. 启动与停止 IIS 服务

在 Internet 信息服务的工具栏中提供启动与停止服务的功能，如图 10.8 所示。单击"停止"选项可停止 IIS 服务器；单击"启动"选项则启动 IIS 服务器。

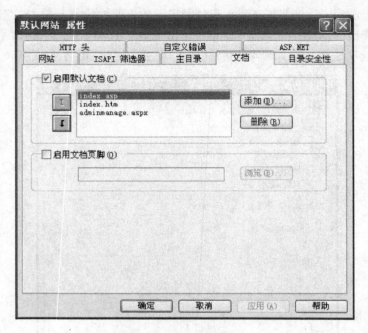

图 10.7 "文档"设置窗口

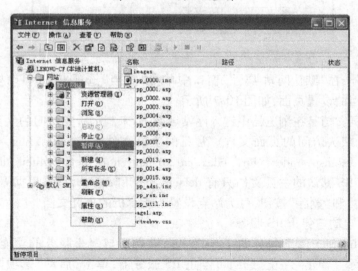

图 10.8 "启动与停止 IIS 服务"设置窗口

10.2 PHP 技术

PHP 是一种专门设计用于构建 Web 站点的编程语言,其易学和易用性既得到了赞扬,也受到了很多批评。PHP 的入门非常简单,一般的初学者通过短时间的学习就能创建简单的 Web 站点,并可以利用 Source Forge 等资源中提供的大量开源项目进行体验。

10.2.1 什么是 PHP

PHP 是服务器端的一种编程语言,可以嵌入到 HTML 中使用。PHP 和其他的编程语言类似,使用变量存储临时数值,使用操作符处理变量。PHP 的真正价值在于它是一个应用程序服务器。

现有的 Web 后台程序,绝大多数采用下列几种编写技术:用 Perl 或 C 语言直接编写(译)CGI 程序;利用 Web 服务器自带的 API(如 ISAPI,NSAPI);采用第三方解决方案(如 ASP,Coldfushion)。虽说每类方案都有各自的强项,但均不是理想的解决之道。

用 Perl 编写 CGI 是使用最多的方法,在网络上也有很多现成的脚本可以拿来修改使用,但它却存在公认的性能问题:由于 Web 服务器运行时需调用解释程序解析代码,当站点的访问人数激增时,Web 服务器的性能也必将直线下降;另外,它的数据库连接功能非常弱,某些情况下甚至还会降低数据库的存取速度。

C 语言编译 CGI 和 ISAPI,NSAPI 技术在速度提升上有很大改观,一段时期被多数大型网站采用,但由于其编写复杂、数据库功能弱及 API 仅限于特定 Web 服务器使用等本质问题难于解决,此技术一直未能得到大规模的应用。

在这两者的基础上,第三方厂商提出了较好的解决方案:如 Microsoft 的 Active Server Pages,Allaire 的 Coldfusion,它们都具有运行速度快、数据库操作功能强大等特性,受到许多开发者的欢迎,但它们只能单纯地运行于个别平台(NT),对回应率要求较高的网站来说还不能顺利采用(大多数大中型网站均建于 Unix 或 Linux 平台,是 Apache 系列的 Web 服务器)。目前虽已有人提出将这两种技术在 Unix 系列平台上应用的方案,但要么不具备源技术的全部优秀功能,要么只能应用于个别 Unix 平台,故尚未实现。

PHP 最强大和最重要的特征是它的数据库集成层,使用数据库可以非常容易地创建一个含有数据库功能的网页。PHP 具有数据库访问速度快、运行效率高、性能稳定等优势,它完全支持 SQL 标准,可以兼容绝大多数数据库系统,PHP4 目前支持的数据库包括 Oracle, Adabas D, Sybase, FilePro, mSQL, Velocis, MySQL, Informix, Solid, dbase, ODBC, Unixdbm, PostgreSQL 等。PHP + Apache + MySQL 是一个完全免费的、性能优异的组合,已经成为绝大多数中小型网站的应用解决方案。

10.2.2　PHP 的工作流程

PHP 的所有应用程序都是通过 Web 服务器(如 IIS 或 Apache)和 PHP 引擎程序解释执行完成的,工作过程如下:

① 用户在浏览器地址中输入要访问的 PHP 页面文件名,然后按【Enter】键就会触发这个 PHP 请求,并将请求传送至支持 PHP 的 Web 服务器。

② Web 服务器接受这个请求,并根据其后缀进行判断。如果是一个 PHP 请求,Web 服务器从硬盘或内存中取出用户要访问的 PHP 应用程序,并将其发送给 PHP 引擎程序。

③ PHP 引擎程序将会对 WEB 服务器传送过来的文件从头到尾进行扫描,根据命令从后台读取、处理数据,并动态地生成相应的 HTML 页面。

④ PHP 引擎将生成 HTML 页面返回给 Web 服务器。Web 服务器再将 HTML 页面返回给客户端浏览器。

10.2.3　安装与配置 PHP 运行环境

1. 安装 Apache

① 运行下载好的 Apache 安装文件,出现 Apache HTTP Server 的安装向导界面,单击"Next"按钮继续,如图 10.9 所示。

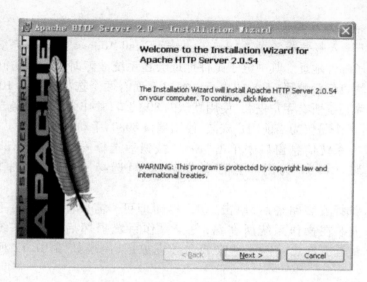

图 10.9　Apache 安装向导界面一

② 如果同意软件安装使用许可条例,选择"I accept the terms in the license agreement",单击"Next"按钮继续。阅读将 Apache 安装到 Windows 上的使用须知,阅读完毕后,单击"Next"按钮继续,出现系统设置窗口,如图 10.10 所示。

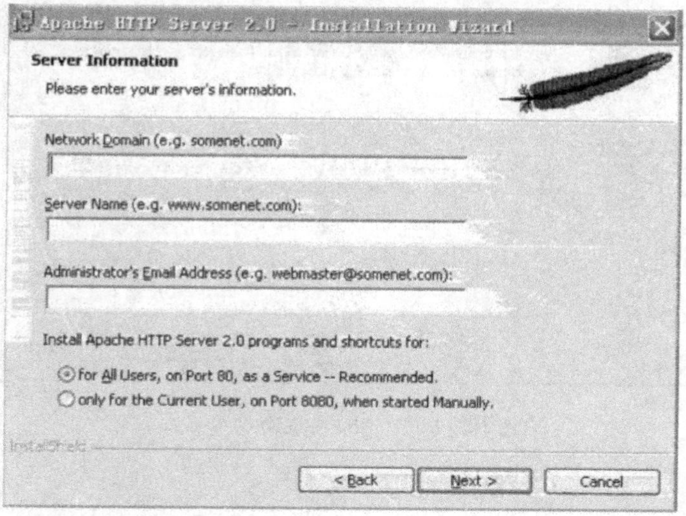

图 10.10　Apache 安装向导界面二

③ 在系统信息设置窗口中的"Network Domain"下填入域名,"Server Name"下填入服务器名称,"Administrator's Email Address"下填入系统管理员的电子邮件地址。其中电子邮件地址会在系统故障时提供给访问者,3条信息均可任意填写,无效的也行。窗口下面有两个选择,图 10.10 中选择的是为系统所有用户安装,使用默认的 80 端口,并作为系统服务自动启动;另外一个是仅为当前用户安装,使用端口 8080,手动启动。

④ 在系统信息窗口中单击"Next"按钮后选择安装类型,Typical 为默认安装,Custom 为用户自定义安装,这里选择 Custom,如图 10.11 所示。

⑤ 选择安装路径后,单击"OK"按钮即可。需要注意的是:不要将 Apache 安装在操作系统所在盘,免得操作系统损坏后、还原系统时将 Apache 配置文件也清除了。安装向导完成后,出现如图 10.12 所示的界面。

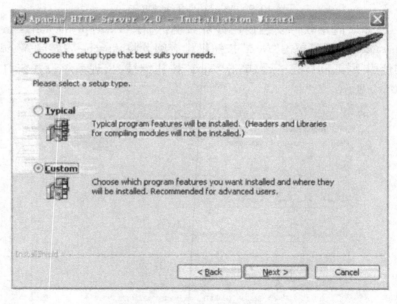

图 10.11　Apache 安装向导界面三

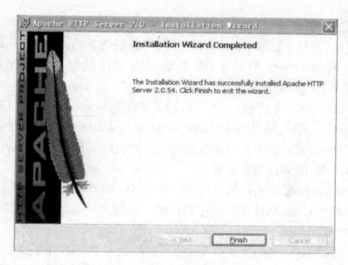

图 10.12　Apache 安装向导界面四

⑥ 单击"Finish"按钮,右下角状态栏会出现一个绿色小图标,表示Apache 服务已经开始运行。用户可以测试一下按默认配置运行的网站界面,在 IE 地址栏输入 http://127.0.0.1,单击"转到",就可以看到如图10.13 所示的页面,表示 Apache 服务器已经安装成功。

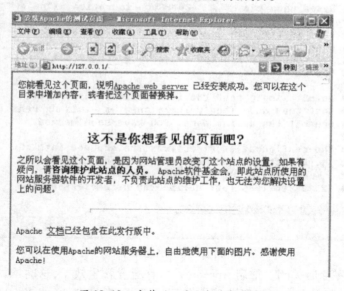

图 10.13　安装 Apache 的测试页面

2. 配置 Apache

事实上,如果不配置 Apache 服务器,安装目录下的 Apache2\htdocs 文件夹就是网站的默认根目录,在里面放入文件就可以了。如果配置 Apache 服务器,其操作步骤如下:

① 执行"开始│所有程序│Apache HTTP Server 2. 0. 55│Configure Apache Server│Edit the Apache httpd conf Configuration file"菜单命令,打开如图10.14所示的记事本。需要强调的是,当配置文件改变时,必须在保存并重启 Apache 服务器后才生效。

② 现在开始配置 Apache 服务器,查找"DocumentRoot"后将" "内的地址改成网站根目录,地址格式一定要正确。一般文件地址的"\"在 Apache 中应改成"/"。

③ 查找"<Directory",将" "内的地址改成与 DocumentRoot 的一样。

④ 查找"DirectoryIndex",在其后面添加一些文件,系统会根据从左到右的顺序优先显示,以单个半角空格隔开即可。

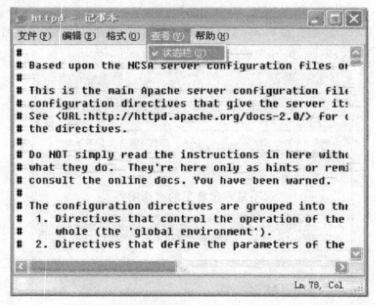

图 10.14 配置文件

⑤ 保存后关闭。重启 Apache 后所有配置就生效了,这时网站就成了一个网站服务器。如果服务器加载了防火墙,需打开80 或者 8080 端口,

或者允许 Apache 程序访问网络,否则别人不能访问。

3. PHP 的安装

① 解压缩下载的 PHP 安装文件,找到"php. ini – dist"文件,将其重命名为"php. ini",并打开编辑。查找到"register_globals = Off"值,这个值是用来打开全局变量的。比如表单送过来的值,如果这个值设为"Off",就只能用"$_POST['变量名']、$_GET['变量名']"等获取该值;如果设为"On",就可以直接使用"$变量名"来获取该值。当然,设为"Off"比较安全,不会轻易让人截取网页间传送的数据。

② 定位到 563 行,选择要加载的模块,去掉前面的";"号,表示要加载此模块。若要用 mSQL,就要把"; extension = php_mysql. dll"前的";"号去掉。所有的模块文件都放在 php 解压缩目录的"ext"下。

③ 若加载了其他模块,一定要指明模块的位置,否则重启 Apache 时会提示"找不到指定模块"。这里介绍一种最简单的方法,直接将 php 安装路径、ext 路径指定到 Windows 系统路径中。在"我的电脑"上右键选择"属性",在弹出的"系统属性"对话框中选择"高级"选项卡,单击"环境变量",在"系统变量"下找到"path"变量,单击"编辑",将"; D: \php; D: \php \ext"加到原有值的后面(注意:D: \php 是安装 PHP 的目录),如图 10. 15 所示。单击"确定"按钮后重启电脑即可。

④ 现在开始将 PHP 以 module 方式与 Apache 相结合,使 PHP 融入 Apache,照先前的方法打开 Apache 的配置文件。找到第 173 行,添加两行,分别是"load Module php5 _ module d: /php/php5apache2. dll"和"PHPIniDir ″D: /php″″"。需要注意的是,这里的"D: /php"要改成先前选择的 php 解压缩目录。

⑤ 在 Apache 配置文件中定位到第 757 行,加入"AddType application/x-httpd-php. php"和"AddType application/x-hpptd-php . html"两行,也可以加入更多,实质就是添加可以执行 PHP 的文件类型。

⑥ 保存后关闭。至此,PHP 的安装以及与 Apache 的结合已经完成,重启 Apache 后服务器就可以支持 PHP 了。

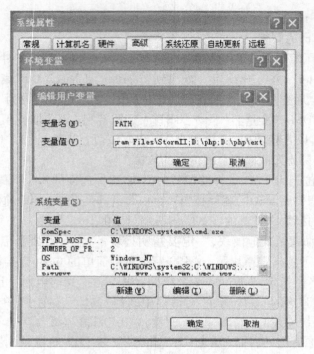

图 10.15　环境变量的设置

10.3　JSP 技术

JSP(Java Server Pages)是由 Sun 公司倡导、多个 IT 公司参与合作建立的一种动态网页开发技术。该技术为创建显示动态生成内容的 Web 页面提供了一种简捷而快速的方法,主要用于创建支持跨平台和跨 Web 服务器的动态网页。

10.3.1　什么是 JSP

简单地说,一个 JSP 网页就是在 HTML 网页中嵌入能够生成动态内容的可执行应用程序代码,应用程序中可以包含 JavaBean,JDBC,EJB(Enterprise Java Bean)和 RMI(Remote Method Invocation)对象等,所有的部分都可以非常容易地从 JSP 网页上访问到。例如,一个 JSP 网页可以包含HTML 代码所显示的静态文本和图像,也可以调用一个 JDBC 对象来访问数据库,当网页显示到用户界面上后,它将包含静态 HTML 内容和从数据库中找到的相应动态信息。

JSP 技术以 Java 语言为基础,继承了 Java 语言的许多优点,因此使用 JSP 开发动态网站十分方便,开发效率较高。JSP 以 Servlet 技术为基础,并且在许多方面做了改进。同时,JSP 利用跨平台运行的 JavaBean 组件,可以方便地实现组件重用,进一步提高了开发效率。JSP 已成为目前主流的动态网站开发技术之一。JSP 技术主要有以下优点。

(1)将内容的生成和显示分离

借助 JSP 技术,Web 页面开发人员可以使用 HTML 或者 XML 标签来设计和格式化最终页面,使用 JSP 标签或者脚本程序来生成动态 Web 页面的内容。生成内容的逻辑被封装在标签和 JavaBean 组件中,并且捆绑在脚本程序中,所有的脚本程序在服务器端运行。因此,其他人(如 Web 管理人员和页面设计者)能够方便地编辑和使用 JSP 页面,而且不影响内容的生成。

在服务器端,由 JSP 引擎负责解释 JSP 标识和脚本程序,生成所请求的内容,并且将结果以 HTML 或者 XML 页面的形式发送回浏览器。这样有助于开发人员保护自己的核心代码,又保证了任何基于 HTML 的 Web 浏览器的高度兼容性。

(2)强调可重用的组件

JSP 页面可以借助可重用的、跨平台的组件(JavaBean 或者 Enterprise JavaBeans TM 组件)来执行应用程序所要求的极为复杂的业务逻辑。开发人员能够共享和交换执行普通操作的组件,或者让这些组件被别的开发人员或开发团队所使用。基于组件的方法加速了总体开发进程,并且使得各种组织在现有的技能和优化结果的开发努力中得到平衡。

(3)采用标签简化页面开发

通过使用 JSP 提供的标准标签库,Web 页面开发人员能够访问和实例化 JavaBean 组件、设置或者检索组件属性、下载 Applet 以及执行用其他方法难于编码或耗时的功能。此外,Web 页面开发人员还可以为常用功能创建自己的标签库,这使得 Web 页面开发人员能够使用熟悉的工具和如同标签一样执行特定功能的构件来工作。

(4)一次编写,处处运行

由于 JSP 页面的内置脚本是基于 Java 语言的,而且所有 JSP 页面都被编译成为 JavaServlet，因此 JSP 页面具有 Java 技术的所有好处，包括健壮性和安全性等。作为 Java 平台的一部分，JSP 拥有 Java 语言"一次编写，处处运行"的特点。JSP 几乎可以运行于所有平台，如 WindowsNT, Linux, UNIX 等。

（5）更高的效率和安全性

JSP 程序在执行前先被编译成字节码（bytecode）文件，字节码文件由 Java 虚拟机（Java Virtual Machine）解释执行，比源代码解释的效率高。此外，服务器端还有字节码的 Cache 机制，能提高字节码的访问效率。第一次调用 JSP 网页可能稍慢，因为它需被编译成 Cache，以后就快得多了。同时，JSP 源程序不大可能被下载，特别是 JavaBean 程序，完全可以放到不对外的目录中。

10.3.2　JSP 的工作流程

当 Web 服务器上的 JSP 页面第一次被请求执行时，JSP 引擎先将 JSP 页面文件转译成一个 Servlet，而这个引擎本身也是一个 Servlet。JSP 的工作流程如图 10.16 所示。

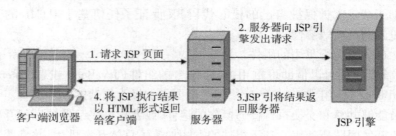

图 10.16　JSP 的工作流程示意图

对此过程的详细描述如下：

（1）JSP 引擎先把该 JSP 文件转换成一个 Java 源文件，即 Servlet，在转换时如果发现 JSP 文件有任何语法错误，转换过程将中断，并分别在服务器端和客户端提示出错信息。

（2）如果转换成功，JSP 引擎用 iavac 把该 Java 源文件编译成相应的 class 文件。

（3）创建一个 Servlet（JSP 页面的转换结果）的对象，该 Servlet 的 ispInit()方法被执行，jspInit()方法在 Servlet 的生命周期中只被执行一次。

（4）jspService()方法被调用来处理客户端的请求。对每一个请求，JSP 引擎都会创建一个新的线程来处理。如果有多个客户端同时请求该 JSP 文件，则 JSP 引擎会创建多个线程，每个客户端请求对应一个线程。以多线程方式执行可以大大降低对系统的资源需求，提高系统的并发量及响应时间，但也应该注意多线程的编程限制。由于该 Servlet 始终驻于内存，所以响应是非常快的。

（5）如果.jsp 文件被修改了，服务器将根据设置决定是否对该文件重新编译，如果需要重新编译，则将编译结果取代内存中的 Servlet，继续上述处理过程。

（6）虽然 JSP 效率很高，但在第一次调用时由于需要转换和编译会有一些轻微的延迟。此外，在任何时候如果系统资源不足，JSP 引擎将以某种不确定的方式将 Servlet 从内存中移去。当这种情况发生时，jspDestroy()方法首先被调用。

（7）Servlet 对象被标记加入"垃圾收集"处理。此时可在 jspInit()中进行一些初始化工作，如建立与数据库的连接，或建立网络连接，从配置文件中取一些参数等，在 jspDestroy()中释放相应的资源。

10.3.3　安装与配置 JSP 运行环境

前面主要介绍了 JSP 技术的有关概念和运行原理，然而，要使 JSP 程序能够正常运行，必须为其提供一个运行环境。本节将介绍如何在 Windows 操作系统中搭建 JSP 的运行环境。

JDK(Java Development Kit，Java 开发包或 Java 开发工具)是一个用于编写 Java 应用程序和 Java Applet 的开发环境，它由 Java 运行环境(Java Runtime Environment，JRE)和开发者编译、调试、运行 Java 程序所需的工具组成，支持 Windows，Linux 和 Solaris 等多种操作系统平台。建立 JSP 运行环境的首要工作是安装和配置 JDK，下面将介绍详细的操作过程。

（1）JDK 的下载

① JDK 是一款免费的 Java 开发工具，可以从 Sun 公司的官方网站 http://java.sun.com 中下载，如图 10.17 所示。

图 10.17 "JDK"下载页面一

② 单击 Java SE 6 Update 10 Beta 后面的 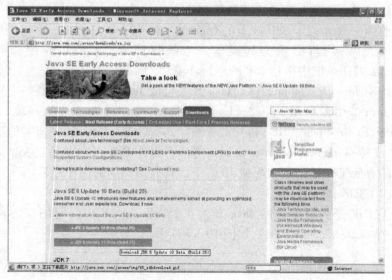 按钮,在出现的页面中选择 JDK 6,如图 10.18 所示。

图 10.18 "JDK"下载页面二

③进入下载选项,操作平台选择 Windows XP,勾选协议,单击"continue"按钮继续,如图 10.19 所示。

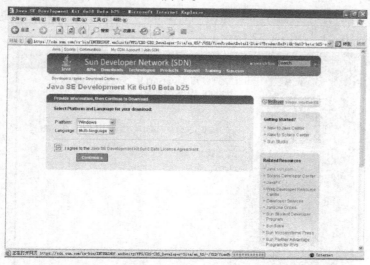

图 10.19 "JDK"下载页面三

④单击 Windows Offline installation(Win 离线安装包)字样下的 jdk-6u10-beta-windows. i586-p. exe,如图 10.20 所示。

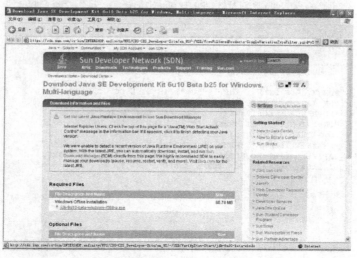

图 10.20 "JDK"下载页面四

⑤ 下载完成后,即可进入下一步安装。

(2) JDK 的安装

① 运行刚下载好的 jdk-6u10-beta-windows-i586-p.exe,按提示进行操作,如图 10.21 与图 10.22 所示。

图 10.21　JDK 的安装界面

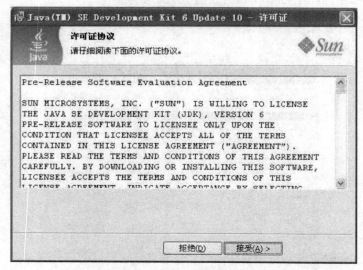

图 10.22　"JDK 许可证协议"窗口

② 在设置 JDK 安装路径时,建议放在 C:\jdk1.6 或 D:\jdk1.6 这种没有空格字符的目录文件夹下,避免在以后编译、运行时因文件路径而出错。这里将 JDK 安装到 D:\jdk1.6 目录下,如图 10.23 所示。

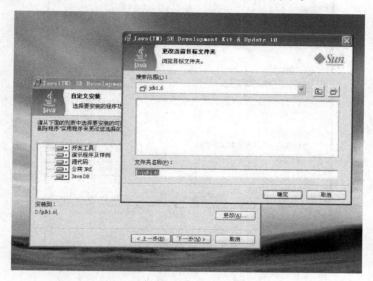

图 10.23 "JDK 安装目录"设置窗口

③ 安装好 JDK 后会自动安装 JRE,这样 JDK 的安装即完成。

(3) JDK 的配置

① 右击"我的电脑",在弹出的快捷菜单中单击"属性"选项,然后在弹出的系统属性窗口中选择"高级"选项卡,单击"环境变量",如图 10.24 所示。

② 新建系统变量 Classpath 和 Path,详细设置如图 10.25 与图 10.26 所示。

③ 在 D 盘目录下新建一个 Hello.java 文件,如图 10.27 所示。

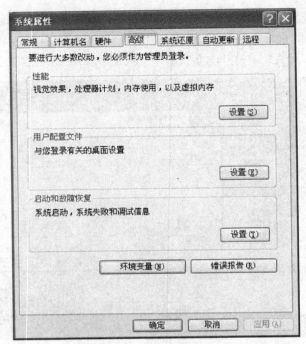

图 10.24 "系统属性"窗口

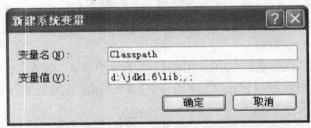

图 10.25 系统变量 Classpath 的设置

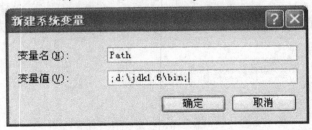

图 10.26 系统变量 Path 的设置

图 10.27 新建"Hello.java"文件

在"Hello.java"文件中键入以下内容并进行调试：

```
Public class Hello{
        Public static void main(string[] args) {
            System.out.println("Hello, my world!");
        }
}
```

④ 执行"开始|运行"菜单命令,在弹出的运行对话框中输入"cmd",按【Enter】键后得到如图 10.28 所示的结果(Hello, my world!),表示环境配置成功。

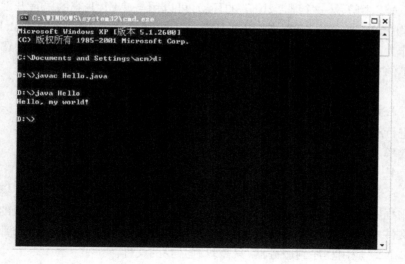

图 10.28 JDK 测试窗口

10.4　ASP. NET 技术

ASP. NET 是微软公司推出的新一代脚本语言。ASP. NET 除了延续 ASP 容易使用的特点之外,将程序代码与界面设计(HTML)分开,如同开发 Windows 窗体一样,按面向对象的方法设计 Web 应用程序,简化了程序设计流程。

10.4.1　什么是 ASP. NET

2002 年微软发布. NET Framework 1.0 正式版本,其中含有 ASP. NET 1.0;2003 年微软发布. NET Framework 1.1 正式版本,其中包含 ASP. NET 1.1;2005 年微软发布. NET Framework 2.0 正式版本,其中包含 ASP. NET 2.0。ASP. NET 与 ASP 存在本质的区别,具备了 ASP 无法比拟的优势。

1. 代码分离

程序代码与网页内容分离使开发更为简单,维护更为容易。ASP. NET 采用代码隐藏(CodeBehind)技术,将程序代码和 HTML 标记分离,使程序具有可持续性与可维护性。

2. 多语言支持

ASP. NET 是一个基于. NET 的环境,可以用与. NET 兼容的语言开发应用程序。目前,ASP. NET 支持 3 种语言:VisualC#,Visual Basic 和 Visual J#。C#作为. NET 编程语言具有简单易学、高效安全、面向对象等特点,是 ASP. NET 的首选开发语言。

3. 执行效率提高

ASP. NET 不同于解释执行的 ASP,而是将程序在服务器端首次运行时进行编译后执行,即在服务器上运行已编译好的程序,提高了程序的执行效率。

4. 易于管理和部署

ASP. NET 使用一种基于文本的、分层次的配置系统,使服务器环境和应用程序的设置更加简单。配制信息被存放在一个名为 Web. config 的文本文件中,每一个 Web 应用都会继承 Web. config 文件中的默认配制,部署 ASP. NET 应用程序到服务器,只需复制必要的文件。

5. 提供服务器控件

ASP. NET 提供了许多功能强大的服务器控件,这些控件提供了一些通用功能,服务器端代码可访问和调用其属性、方法和事件,让网页开发人员可以通过服务器端程序代码,直接控制浏览器所呈现的 HTML 标签对象。

6. 更高的安全性

ASP. NET 改变了 ASP 单一的基于 Windows 身份认证方式,提供了Passport 和 Cookie 两种不同类型的登录和身份验证方法,使系统和 Web 应用程序更加安全。

ASP. NET 2.0 在 ASP. NET 1.1 的基础上增加了许多新控件,例如数据访问控件、导航控件、登录相关控件、网页组件控件等,同时增加了母版页(MasterPage)、主题与外观(Themes and Skins)、个性化信息(Profile)等新功能,进一步提高了网站的开发效率及运行效率,使网站具有较强的可扩展性,并且更利于网站的管理与维护。

10.4.2 ASP. NET 的工作流程

ASP. NET 工作原理如图 10.29 所示。

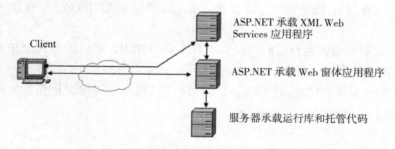

图 10.29 ASP. NET 工作原理图

当在 Web 浏览器中输入某网站的域名或 IP 地址并按下【Enter】键时,浏览器就会向那个地址的服务器发送一个请求。这个过程是通过 HTTP(Hyper Text Transfer Protocol,超文本传输协议)完成的。HTTP 是 Web 浏览器与 Web 服务器之间进行通信的协议。发送地址时,就是向服务器发送了一个请求。当服务器是活动状态且请求有效时,服务器就会接受请求,处理请求,然后将响应发回到客户端浏览器上。

使用过 ASP 技术早期版本的用户,很快就会注意到 ASP. NET 和 Web 窗体提供的改进。例如,可以用支持. NET Framework 的任何语言开发 Web 窗体页;代码不再需要与 HTML 文本共享同一个文件。Web 窗体页用本机语言执行,这是因为与所有其他托管应用程序一样,它们充分利用运行库。与此相对照,非托管 ASP 页始终被写成脚本并解释。ASP. NET 页比非托管 ASP 页更快、更实用并且更易于开发,这是因为它们像所有托管应用程序一样与运行库进行交互。

当浏览器向用户展示一个窗体,且用户对该窗体进行操作后,该窗体将回发到服务器,服务器对用户的操作处理后又将窗体返回到浏览器,这一过程称作"往返过程"。ASP. NET 页面的处理循环如下:

① 用户通过客户端浏览器请求页面,页面第一次运行,执行初步处理。

② 执行的结果以标记的形式呈现给浏览器,浏览器对标记进行解释并显示。

③ 用户键入信息或从可选项中进行选择,或者单击按钮。

④ 页面发送到 Web 服务器,在 ASP. NET 中称此为"回发",即页面发送回其自身。

⑤ 在 Web 服务器上,该页再次运行,并且使用用户输入或选择的信息。

⑥ 服务器将运行后的页面以 HTML 或 XHTML 标记的形式发送到客户端的浏览器。

Web 窗体页的生命周期是自用户打开网页开始到提交操作为止的这段时间。

10.4.3 安装与配置 ASP. NET 运行环境

ASP. NET 正式版本对操作系统要求为:Windows 2000 及以上版本,IIS 5.0 及以上版本和浏览器 IE 5.5 及以上版本。建议的配置环境为:Windows 2000 Server/Windows 2003 Server + IE 6.0 + SOL Server 2000 企业版。

1. IIS 的安装与配置

IIS 的安装与配置可参见 10.1.3 节。

2. .NET Framework 的安装与配置

安装完 IIS 后,即可执行 ASP 脚本。但为了支持 ASP. NET 脚本,还必须安装. NET Framework,最新版本可以在微软的网站下载。

由于 Microsoft Visual Studio. NET 已经集成了下一代窗口服务(Next Generation Windows Services, NGWS)的最新版本,因此可以直接安装 Microsoft Visual Studio. Net 来获得 ASP. NET 的开发平台。

本章小结

本章介绍了制作动态网页的最新技术,也是网页制作的高级技术。当然,这需要用到前面的一些基础知识,最好还能有一定的编程基础。如果要真正掌握这些技术,只学习本章内容还远远不够,在此只是希望通过本章的内容,让大家了解网页制作技术的最新动态。如果读者有深入学习的兴趣,可以选择其中的某种技术,再找一些适当的参考书进一步地学习。只要认真地多做练习,就一定能够有所收获。

[实例 10.1]

实例说明：在安装、配置完 ASP 的运行环境后，编写一个简单的 ASP 文件并加以运行浏览。

实例分析：编写一个 ASP 动态网页，用以显示用户访问该页的时间。

操作步骤：

（1）新建 ASP 文件

在"记事本"程序窗口中或利用 Dreamweaver 输入以下内容：

```
< %@ Language = VBscript % >
< html >
< head > < title > ASP 动态网页示例 </title > </head >
< body >
访问本页的时间是：< % = Time( )% >
</body >
</html >
```

其中 < % = Time( )% > 是在服务器端执行的脚本，用于显示在服务器上处理该页的时间。

（2）保存 ASP 文件

将文件保存在"d：\ycgxy\tyz"的文件夹下，命名为 10-1. asp。

（3）运行、浏览 ASP 文件

在 IE 浏览器窗口的地址栏中输入测试页的 URL，然后按下【Enter】键（前提是已经完成 IIS 的配置）。如果在本地计算机上运行，则可以在地址栏中输入 http：//localhost/ycgxy/tyz/10-1. asp 或 http：//127. 0. 0. 1/ycgxy/tyz/10-1. asp，按下【Enter】键即可看到运行的结果。

[实例 10.2]

实例说明：练习编写 PHP 程序。

操作步骤：

（1）选取写作 PHP 程序的编辑工具

如果用户只会用 Frontpage，Dreamweaver 等软件以"所见即所得"的编辑模式来制作网页,而完全不懂 HTML 语言,则需要先了解 HTML 语言,才能顺利地编写 PHP 程序。如果用户非常熟悉 HTML 语言,则可以马上开始编写 PHP 程序。

对 Windows 系列操作系统的使用者,在开发 PHP 程序时可以使用 PHP Editor,这个软件可以到 http://www. soysal. com/PHPEd 下载最新的版本,同时还需要下载 PHP 程序 Win32 的版本。安装好 PHP Win32 的版本后,在 PHPE ditor 中设定好 PHP Win32 的路径,就可以开发 PHP 程序了。

对于熟悉 Linux/UNIX 的用户,在装好 Web 服务器和 PHP 程序后,可以直接用 vi 或 Emacs 编写 PHP 程序,并且可以直接看到程序执行的结果,与数据库或是其他的程序连接也不会有什么问题。

(2) 简单的编程例子

利用 PHP 在页面上输出"欢迎来到我的站点",程序如下:

```
< html >
< head >
< title > 我 的 主页 </title >
</head >
< body >
<?
    Echo"欢迎来我的站点\n";
? >
</body >
</html >
```

这几行程序在 PHP 中不需经过编译等复杂的过程,只要将它放在设定好可执行 PHP 语法的服务器中,将它存成文件 abc1. php 即可。在用户的浏览器端,只要在地址栏中输入 http://yourhostname/abc1. php,就可以在浏览器上看到"欢迎来到我的站点"的字符串。

这个程序只有 3 行和 PHP 语言有关系,其他 6 行都是标准的 HTML 语法。而它在返回浏览器时和 JavaScript 或 VBScript 完全不一样,PHP 的程序没有传送到浏览器,在浏览器上看到的是程序执行的结果。

上述程序的第 6 行及第 8 行,分别是 PHP 的开始及结束的嵌入符号,第 7 行才是服务器端执行的程序。在这个例子中,"\n"和 C 语言的表示都一模一样,代表换行的意思。在一条 PHP 语句结束后,要加上分号代表结束。

（3）嵌入方法

要在页面中放入 PHP,有以下几种做法：

```
<? 程序语句:? >
<? php 程序语句:? >
<script language = "php" >
```
程序语句；
```
</script >
<% 程序语句; %>
```

其中,第 1 种和第 2 种是最常用方法。在" <"后加上"?",可以加也可以不加 php 字符,之后就是 php 的代码。在代码结束后,加上" >"、"?"就可以了(建议只使用这两种形式的写法)。

在编写程序时,可以将 HTML 标记和 PHP 语句交织在一起,如下面的形式：

```
<? php
  if( $expression){
? >
       <strong > This is true. </strong >
<? php
  }
  else{
  ? >
       <strong > This is false. </strong >
<? php
  }
? >
```

编写 PHP 程序最好的方法就是先处理好纯 HTML 格式的代码,再将需要变量或其他处理的地方改成 PHP 程序。

（4）程序注释

在 PHP 的程序中,加入注释的方法很灵活,可以使用 C 语言、C ++ 语言或者是 UNIX 的 Shell 语言的注释方式,而且也可以混合使用。这可以让每个编写 PHP 网页程序的网管或程序员形成属于自己的编程风格。以下是几种书写注释的方式：

```
if ( condition ) {
    程序段   // 双斜栏后面跟的是行末注释
    / *
          这里是多行注释,也称块注释
    * /
    # 这里是单行注释
}
```

[**实例 10.3**]

实例说明:输出系统当前的日期和时间。

实例分析:这是一个简单的 JSP 程序,其功能是输出系统当前的日期和时间。这里介绍最简单的编写和发布方法。

操作步骤:

利用任意文本编辑器(如 windows 中的记事本)输入如下所示的代码,保存为"printTime. jsp"。

```
< % @ page import = "java. util. * " % >
< % @ page contentType = "text/html; charset = GB2312" % >
< html >
< head >
< title > 第一个 JSP 程序 </title >
</head >
< body >
现在的时间是:
< % Date date = new Date( ); % > < br / >
< % = date % >
</body >
</html >
```

注意:JSP 代码和 Java 代码一样,对大小写是敏感的。后缀为. jsp 的文件不可以双击打开来查看它预期出现的效果,应该把 JSP 源文件发布到某个 Web 应用中才可以正确查看。

［**实例10.4**］

实例说明：给出一个简单的 ASP. NET 的文件示例。

实例内容：

ASP. NET 示例：

```
< % @ page language = "C#"% >
< html >
  < head >
    < title > ASP. NET 示例 </title >
  </head >
  < body >
  < % = "hello world!"% >
  </body >
</html >
```

本示例的第一行声明此文件使用的是 C#语言，将此文件命名为 hello. aspx，然后存放到一个 Web 服务器的发布目录中，用浏览器访问时将显示"Hello world!"字样。

思考与练习

1. 什么是动态网页制作技术？相比以前的静态网页有什么好处？
2. ASP，PHP，JSP 以及 ASP. NET 的工作流程如何？
3. 试比较 ASP，PHP，JSP 以及 ASP. NET 的特性。

第 11 章　图像处理软件 Fireworks CS5

在网页设计中,图像的地位非常重要,网页展示给人们的首先是界面的视觉印象,想要抓住用户的心理需求、利益和兴趣,视觉效果非常重要,设计精美的图像可以使网页更加赏心悦目,也能更好地表现网页所要表达的内容。

在网页图像设计工具中,Photoshop 和 Fireworks 是最常用的两款图像设计软件,其中 Fireworks 是一款专业级图像处理应用程序,专门针对网页图像制作的专业设计软件,它提供强大的菜单编辑、层、切片等工具,融矢量和位图处理功能于一体,让用户能够在一个专业化的环境中创建和编辑网页图形,对图形进行动画处理、添加高级交互功能以及优化图像,因此得到越来越多的网页设计人员的喜爱。

Fireworks CS5 继承了原有版本的强大功能,同时大幅度提高了性能和稳定性,并新增了许多功能,包括集成的 Adobe Device Central、复合形状工具、改进的属性面板、改进的文本处理功能并能够导出图形应用于 Flash Catalyst,有效提高了工作效率。

本章通过介绍 Adobe 公司最新推出的 Fireworks CS5,讲解网络图像的处理方法。

11.1　Fireworks CS5 的工作界面

1. 启动 Fireworks CS5

执行"开始 | 程序 | Adobe | Adobe Fireworks CS5"命令,即可启动 Fireworks CS5,启动界面如图 11.1 所示。

如果用户已经在计算机上安装了 Adobe 公司的其他软件,如 Dreamweaver CS5,则可以将 Fireworks CS5 安装到同一目录下,便于使用和管理。

图 11.1　Fireworks CS5 的启动界面

2. Fireworks CS5 的"启动屏幕"

进入 Fireworks CS5 后,首先会显示带有"启动屏幕"的主窗口,如图 11.2 所示。

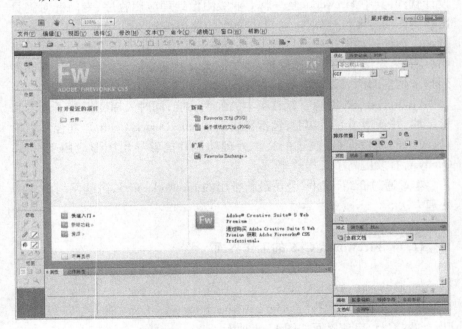

图 11.2　带有"启动屏幕"的主窗口

在"启动屏幕"中,能够快速地新建文件或打开曾经编辑过的文件,还提供了快速入门教程。

如果在"启动屏幕"中勾选"不再显示"选项,下次启动 Fireworks 将不再显示"启动屏幕"。如果要再次显示"启动屏幕",可以在"编辑"菜单中选择"首选参数",并勾选"显示启动屏幕"选项。

3. 菜单栏

Fireworks CS5 的菜单栏包括"文件"、"编辑"、"视图"、"选择"、"修改"、"文本"、"命令"、"滤镜"、"窗口"、"帮助"这 10 组菜单,包含了 Fireworks CS5 绝大部分的功能,如图 11.3 所示。

图 11.3　Fireworks CS5 的菜单栏

4. 主工具栏

Fireworks CS5 的主工具栏包括常用的一些功能,如图 11.4 所示,可以在"窗口"菜单中打开或关闭。

图 11.4　Fireworks CS5 的主工具栏

5. 编辑窗口

窗口的中央是编辑窗口,如图 11.5 所示,也就是图像编辑和显示的主要工作区域,Fireworks CS5 的主要编辑工作是在这个区域中进行的。

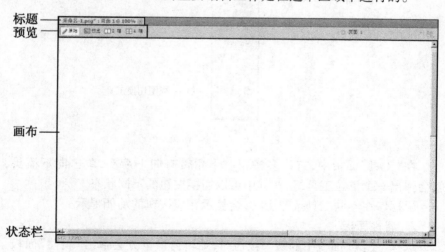

图 11.5　Fireworks CS5 的编辑窗口

6. 工具面板

Fireworks CS5 的工具面板默认情况下位于编辑窗口左侧,包括 6 个部分,分别是"对象选择工具"、"位图编辑工具"、"矢量图编辑工具"、"Web 对象编辑工具"、"颜色编辑工具"和"视图切换工具",如图 11.6 所示。

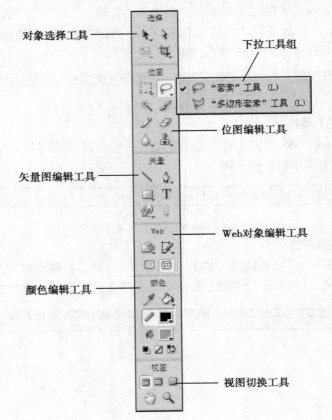

图 11.6 "工具"面板

在"工具"面板中,有许多按钮右下角带有向下箭头,单击向下箭头,就会弹出一个下拉工具组,在其中可以切换按钮的不同状态。

鼠标停在不同工具按钮上时,会显示相应按钮的功能提示。

7. 属性面板

选择"工具"面板中的某一按钮时,编辑窗口下方会弹出"属性"面板,显示当前选中工具的属性,如图 11.7 所示。

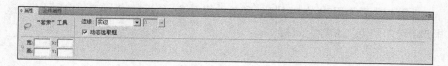

图 11.7　"属性"面板

"属性"面板是一个上下文关联面板,用于显示当前选择区域、当前工具选项或文档的属性。

8. 功能面板组

Fireworks CS5 还提供了一组功能面板,如图 11.8 所示,单击按钮可以打开相应的功能面板。

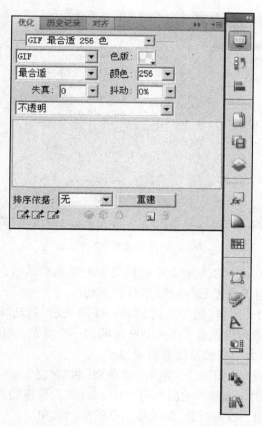

图 11.8　Fireworks CS5 的功能面板组

"窗口"菜单里也分栏列出了这一组功能面板的菜单项,也可以在这里选择打开相应的功能面板。

11.2 Fireworks CS5 文档的基本操作

文档操作是 Fireworks 最基本的功能,Fireworks CS5 默认保存的格式是 png,同时还支持包括 Photoshop,Illustrator,Freehand 和 GIF 动画等。

1. 工作参数的设定

执行"编辑|首选参数"菜单命令打开"首选参数"对话框。"首选参数"对话框里有 7 个类别,可以设置 Fireworks 的基本工作参数,如图 11.9 所示。

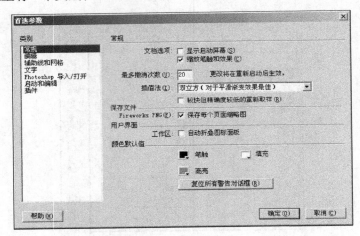

图 11.9 "首选参数"对话框

"首选参数"对话框里有 7 个类别用于配置 Fireworks。

① 常规:用于设置 Fireworks 的整体环境。

● "显示启动屏幕"用于启动 Fireworks 时显示"启动屏幕"。

● 撤销次数可以设置为 1 ~ 1009 之间的一个整数,数值太大占用大量内存,具体数值大小视机器性能而定。

● 颜色默认值用于配置"笔触"、"填充"和"高亮"的默认颜色。

● 插值法用于选择缩放图像时 Fireworks 插入像素的方法。

② 编辑:用于控制指针、钢笔等工具的显示选项。

③ 辅助线和网格:用于设置辅助线和网格的颜色和大小。

④ 文字：用于设置默认字体及字顶距、基线调整等。

⑤ Photoshop 导入/打开：用于设置导入 Photoshop 文件时的处理方式。

⑥ 启动和编辑：对于编辑和优化外部程序时 Fireworks 的处理方式。

⑦ 插件：指定 Photoshop、纹理、图案插件的位置。

2. 新建文档

执行"文件｜新建"菜单命令可以打开"新建文档"对话框，如图 11.10
所示，也可以在主工具栏中单击"新建"按钮，还可以在"启动屏幕"中选择
"Fireworks 文档(PNG)"按钮。

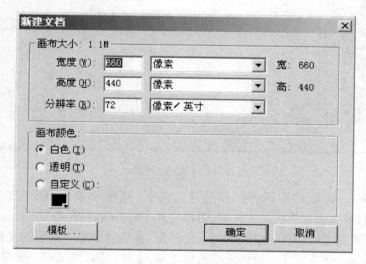

图 11.10　"新建文档"对话框

　　"新建文档"对话框分两个部分，
分别用于设置"画布大小"和"画布颜
色"。"画布大小"里的单位可以选择
"像素"、"英寸"或"厘米"。"画布颜
色"默认是白色，还可以选择"透明"
或"自定义"。

　　选择"自定义"时，单击下方的颜
色选择按钮 ■，打开"颜色选择器"，
可以在里面选择相应的颜色，如图 11.11 所示。

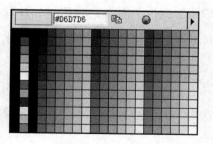

图 11.11　颜色选择器

3. 打开文档

用户可以通过执行"文件 | 打开"菜单命令打开 Fireworks 文档,也可以在主工具栏中单击"打开"按钮,在弹出的"打开"对话框中选择要打开的文档,如图 11.12 所示。

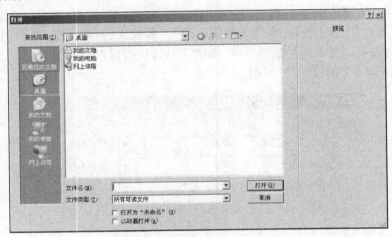

图 11.12 "打开"对话框

Fireworks 文档默认的扩展名是". png",当使用菜单命令"文件 | 打开"来打开非 png 格式的文件时,可以使用 Fireworks 的所有功能来编辑图像。编辑完成后,可以执行"文件 | 另存为"菜单命令将所编辑的文档保存为新的 png 格式文件。对于某些图像类型,也可以执行"文件 | 保存"菜单命令将文档以其原始格式保存,但图像将会合并成一个层,此时无法再编辑添加到这个图像上的 Fireworks 特有功能。

4. 文档的保存

执行"文件 | 保存"菜单命令,初次保存时会打开保存对话框,如图 11.13 所示,在这个对话框中,Fireworks CS5 只支持保存为 png 格式。

如果要保存为其他格式,可以执行"文件 | 另存为"菜单命令,打开"另存为"对话框,如图 11.14 所示,选择合适的类型保存。

图 11.13 保存对话框

图 11.14 "另存为"对话框

5. 文档的导入和导出

如果要在已经打开的文档中导入其他图形格式,就执行"文件│导入…"菜单命令,打开"导入"对话框,如图 11. 15 所示,选中想要导入的文件后,单击"打开"按钮,然后在设计画板中拖动鼠标即可将文档按拖动框的大小导入。

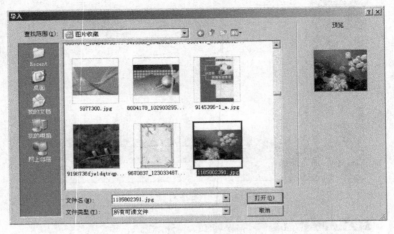

图 11. 15 "导入"对话框

在 Fireworks 中,也可以将编辑好的文档以其他格式导出,首先在"优化"面板中选择要保存的格式,如图 11. 16 所示,再执行"文件 | 导出"菜单命令将文档导出为指定格式的文件。

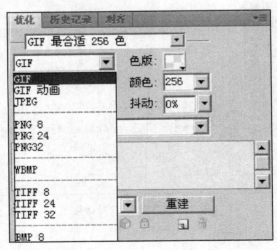

图 11. 16 "优化"面板

6. 画布属性的修改

在编辑文档的过程中,可以随时单击"工具"面板中的"指针"按钮,打开"文档属性"面板,修改画布大小、颜色等属性,如图 11.17 所示。

图 11.17　画布属性面板

在"文档属性"面板中,可以修改画布大小、图像大小和文件的格式。

11.3　Fireworks CS5 基本绘图工具

Fireworks CS5 是一种基于便携式网页图像技术、兼顾位图处理与矢量图绘制的网页图像设计软件。在 Fireworks CS5 中,用户既可以使用类似于 Photoshop 的工具处理图像,也可以使用画笔或钢笔工具绘制各种图形。

1. 矢量图形和位图图像

按照图片存储的编码方式可将图片分为矢量图形和位图图像两种。

（1）位图图像

位图图像也称为栅格图像,由排列成网格上的像素点所组成。每个像素点由 RGB 或 CMYK 色彩系的颜色值或者灰度值(黑白图像)组成。位图可以表现丰富的色彩变化,并产生逼真的效果。

位图图像的质量好坏由其在单位面积中容纳像素点的多少决定,这个指标被称为图像的分辨率。单位面积像素点越多,分辨率越高,图像的质量就越好;反之,图像的质量就越差。

（2）矢量图像

矢量图像是通过点、直线或者多边形等基于数学议程的几何图元来表述的图像。矢量图的图元不是由像素点组成的,而是通过数学公式的计算获得的。

相对于像素构成的位图图像,矢量图表述图像的方法要简便得多,矢量图形与分辨率无关,除了可以在分辨率不同的输出设备上显示外,还可以对其执行移动、调整大小、更改形状或更改颜色等操作,而不会改变其外观品质。

2. 矢量笔触

Fireworks 的矢量图像绘制功能,可以帮助用户方便地对图形进行修改和美化。

在绘制矢量图形时,用户往往需要先绘制矢量图形的轮廓,也被称为笔触。笔触是绘画中的笔法,又称肌理,常指各种绘画中运笔的痕迹。在计算机图形学中,笔触是用各种数学公式计算而得到的绘制于计算机屏幕的线条。

在一个简单的笔触中,通常包括一条直线线段或曲线线段,以及两个相关的支撑节点。其中先绘制的节点称为起始点,后绘制的节点称为终止点或锚点。在默认情况下,起始点和终止点间的线条为一个直线线段,如图 11.18a 所示。用户可以修改起始点和终止点的调节句柄,修改直线线段的斜率,从而将其变成一个曲线笔触,如图 11.18b 所示。笔触可以闭合,在计算机屏幕中处于闭合状态的笔触所构成的图形称为闭合图形,如图 11.18c 所示。

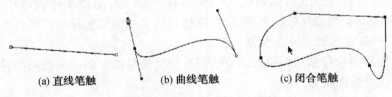

(a) 直线笔触   (b) 曲线笔触   (c) 闭合笔触

图 11.18 Fireworks 中的笔触

3. 绘制位图图像的工具

Fireworks CS5 工具面板的"位图"区域包含一组选择、绘制和编辑位图图像的工具,"位图"工具共有 8 个按钮,其中 4 个是工具组。这些工具几乎包括所有位图绘制和编辑的功能。

(1)"选取框"工具组

"选取框"工具组包括"选取框"和"椭圆选取框"两个工具,通过在像素的周围绘制选取框的方法来选择位图图像的特定像素区域,如图 11.19 所示。

比如要选取一个椭圆区域,首

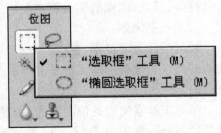

图 11.19 "位图"区及"选取框"工具组

先单击"选取框"工具,在弹出的"选取框"工具组中选中"椭圆选取框"工具,然后在画布的图像中拖动形成合适的选取框,如图11.20所示。

图11.20　用"椭圆选取框"选取对象

（2）"套索"工具组

"套索"工具组包括"套索"和"多边形套索",用于选择一个自由变形的区域,如图11.21所示。

比如要选取一个多边形区域,

图11.21　"套索"工具组

首先单击"套索"工具,在弹出的"套索"工具组中选中"多边形套索"工具,然后在画布的图像要选取部分的边缘依次单击添加线段形成一个闭合的选取框,如图11.22所示。

图11.22　用"多边形套索"选取对象

（3）"魔术棒"工具

"魔术棒"工具可以在图像中选取颜色相近的像素区域，在"属性"面板中，可以修改"边缘"和"容差"，设置"边缘"选项可以消除锯齿或柔化边缘，"容差"值表示选取颜色的色调范围，这个值越大表示选取相似色的范围越大。

（4）"笔刷"工具

"笔刷"工具是一个自由的绘图工具，在属性面板中可以设置笔触颜色、笔尖大小、透明度、笔触样式等。

（5）"铅笔"工具

铅笔工具只能绘制比较细的线条，无法调整笔触的尺寸。绘制的方法和"笔刷"工具基本相同，只要在图像画板中拖动鼠标，即可绘制出相应的线条。

（6）"橡皮擦"工具

"橡皮擦"工具可以用来删除像素，默认情况下，"橡皮擦"工具的鼠标指针代表当前橡皮擦的大小。在"属性"面板中，可以选择圆形或方形的橡皮擦形状；拖动"边缘"右边的滑块可以设置橡皮擦边缘的柔度；拖动"大小"滑块可以设置橡皮擦的大小；拖动右侧的"橡皮擦不透明度"滑块可以设置不透明度。

（7）"模糊"工具组

"模糊"工具组中包括"模糊" 、"锐化" 、"减淡" 、"加深" 和"涂抹" 等特殊效果修饰工具。

其中，"模糊"工具用来减弱图像中所选区域的焦点；"锐化"工具用来锐化图像中的区域；"减淡"工具用来减淡图像中的部分颜色区域；"加深"工具用来加深图像中的部分区域；"涂抹"工具用来在图像中拾取颜色并沿鼠标拖动的方向推移该颜色。

（8）"橡皮图章"工具组

"橡皮图章"工具组包括"橡皮图章"工具 、"替换颜色"工具 和"红眼消除"工具 。

其中，"橡皮图章"工具可以将图像中的一个区域的图像复制或克隆到另一个区域中;使用"替换颜色"工具,选取一种颜色,可以在这种颜色的范围内,用类似笔刷的方式涂抹成另一种颜色;在一些照片中,瞳孔是不自然的红色阴影,使用"红眼消除"工具就能轻松的解决这个问题。"红眼消除"工具仅对照片的红色区域进行绘画处理,并用灰色和黑色替换红色。

4. 绘制矢量图像的工具

Fireworks CS5 的"工具"面板中有许多矢量对象绘制工具,使用这些工具可以通过逐点绘制来绘制基本形状、自由变形路径和复杂形状。"工具"面板的"矢量"部分有 6 个按钮,其中有 3 个工具组。

(1)"直线"工具 ╲

"直线"工具用于绘制直线基本形状,按住【Shift】键使用"直线"工具可以限制只按 45°的增量来绘制直线。在"属性"面板中,有关"直线"工具的大部分属性的设置方法与"笔刷"工具的属性改置方法相同。

(2)"钢笔"工具组 ♦

"钢笔"工具组包括"钢笔"工具 ♦、"矢量路径"工具 ✐ 和"重绘路径"工具 ✍。

该工具组中的工具都可以用来绘制和编辑矢量路径。其中,"钢笔"工具通过逐点绘制的方法绘制出具有平滑曲线和直线的复杂形状。用钢笔先画一条路径,用"矢量路径"工具在其中任一节点添加新路径,可以看到只是加了一个新的路径对象。而用"重绘路径"在原先画的路径的任一节点添加新路径,都会由其节点开始延伸新画的路径来取代原始延伸方向的路径。同时,重绘路径也有自动闭合路径的功能。跟钢笔不同的是,后面两种工具不能实时拉伸节点的句柄,需要用"部分选定"工具另外调整。

(3)"矩形"工具组 ▢

"矩形"工具组用来绘制一些常用的基本图形,包括"矩形"工具 ▢、"椭圆"工具 ◯、"多边形"工具 ◯ 以及一些常用的基本图形,如"L 形" ⌐、"圆角矩形" ▢、"度量工具" ✐、"斜切矩形" ▱、"斜面矩形" ▱、"星形" ☆、"智能多边形" ◯、"箭头" ⇨、"箭头线" →、"螺旋形" ◎、"连接线形" ⌐、"面圈形" ◎、"饼形" ◔ 等。

（4）"文本"工具 **T**

"文本"工具用于在图像中输入文本，并通过"属性"面板进行编辑。在"属性"面板中，可以对文本的基本属性进行定义，如字体、大小、颜色、加粗、倾斜等，还可以设置文本的对齐方式、字距及段落缩进等。

（5）"自由变形"工具组

"自由变形"工具组包括"自由变形"工具、"更改区域形状"工具、"路径洗刷工具－添加"工具和"路径洗刷工具－去除"工具。使用"自由变形"工具可以按照随意的拖动方式对路径进行编辑，而不是按照节点的控制柄的方式进行编辑。"更改区域形状"工具和"自由变形"工具拥有类似的功能，同样都可以自由地对路径进行编辑，但是它们的编辑方式不同。使用"更改区域形状"工具时，可以通过"正圆形"方法对路径进行压迫从而实现路径形状的修改。而使用"路径洗刷"工具时，可以通过更改路径的外观，使用不断变化的压力或速度，从而更改路径的笔触属性。这些属性包括笔触大小、角度、墨量、离散、色相、亮度和饱和度。用户可以使用"编辑笔触"对话框中的"敏感度"选项卡指定这些属性中的哪个属性受到"路径洗刷"工具的影响，还可指定影响这些属性的压力和速度的数量。

（6）"刀子"工具

"刀子"工具用来将一个路径切成两个或多个路径。选择"刀子"工具，在图像中画线，将路径切割，切割完成的路径便发生分离。

11.4　矢量对象的基本操作

1．对象的选取

要编辑一个对象，首先应该选取这个对象，Fireworks CS5 提供了多种选择对象的方式。

（1）使用"图层"面板

"图层"面板显示所有对象，当面板已打开并且"图层"处于扩展状态时，在"图层"面板显示的对象中单击任意一个对象就可以选择该对象，如图 11.23 所示。

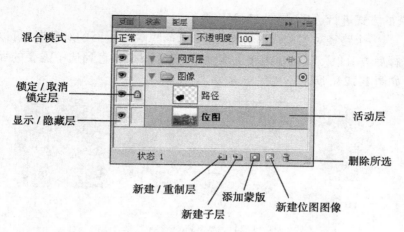

混合模式 ————

锁定 / 取消
锁定层 ————

显示 / 隐藏层 ————

活动层

删除所选

新建 / 重制层

添加蒙版

新建子层

新建位图图像

图 11.23 在"图层"面板中选取对象

Fireworks 中的"图层"面板列出了文档包含的所有层和对象,画面位于所有层的下面,但本身不是层。在"图层"面板中可以查看层和对象的堆叠顺序。Fireworks 按每层创建的顺序堆叠层,将最近创建的层放在最上面,但也可以按照需要重新排列。

"图层"面板显示当前帧中所有层的状态,可以展开一个包含多个对象的层来查看其内容,单击某一层可以激活该层成为活动层,使用"图层"面板中的工具可以对"图层"进行操作。

"网页层"是一个特殊的层,它显示为每个文档的最顶层,包含用于给导出的 Fireworks 文档指定交互性的网页对象(如切片和热点)。不能停止共享、删除、复制、移动或重命名"网页层",也不能合并驻留在"网页层"上的对象。"网页层"总是在所有帧之间共享,并且网页对象在每个帧上都可见。

(2)使用选择工具

Fireworks 提供了"指针" 、"选择后方对象" 和"部分选定"这 3 种常用选择工具,在用 Fireworks 编辑各种对象时,用户可以根据不同对象选择使用。

如果要选取一个路径对象,可以使用"指针"工具单击这个对象,如图 11.24a 所示。

如果要选取两个或两个以上的路径对象,可以使用"指针"工具,通过框选的方式进行选择,如图 11.24b 所示。

当多个路径对象重叠在一起时,要选择隐藏在后面的对象时,可以用
"选择后方对象"工具,在画布上连续单击这组对象,直到选中需要的那一
个,如图 11.24c 所示。

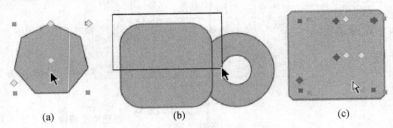

(a)   (b)   (c)

图 11.24　选择 Fireworks 对象

2. 绘制矢量图形

（1）绘制几何图形

使用工具箱组中的"直线"、"矩形"、"圆角"、"椭圆"和"多边形"等几
何图形工具,可以方便地绘制出各种复杂的几何图形。

例如,要绘制一个 8 边形,首先在工具箱中单击"多边形"工具,然后在
"属性"面板中设置多边形的边数等属性,再绘制正多边形,如图 11.25 所示。

图 11.25　绘制 8 边形

（2）输入 Fireworks 文本

Fireworks CS5 具有强大的文本编辑排版能力,可以方便地制作各种网
页文本,并输出为网页图像。通过工具箱中的"文本"工具,可以为图像添加
各种矢量文本,如图 11.26 所示;也可以输入各种特殊字符,执行"窗口 | 其
他 | 特殊字符"菜单命令,在弹出的"特殊符号"面板中选择相应的符号。

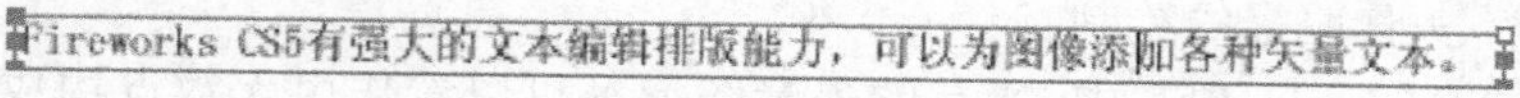

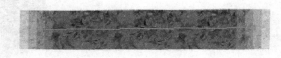

Fireworks CS5有强大的文本编辑排版能力，可以为图像添加各种矢量文本。

图 11.26　输入文本

（3）设置图形笔触

在绘制各种线条和几何图形后，还可以进一步设置笔触属性和填充属性，使这些线条和几何图形更加美观。

Fireworks 预置多种线条类型，在“属性”面板中用户可以方便地设置当前选择线条的类型，同时在已设置类型的线条上，也可以随时对其进行修改。

纹理是对线条进行的镂空处理，对线条应用纹理后，线条上会刻出各种透明的图案，如图 11.27 所示。

图 11.27　对线条应用纹理

（4）设置填充属性

选择图形后，在“属性”面板中可以设置填充属性，包括设置各种单色填充、渐变填充以及图案填充等，在填充的属性设置中，主要包括填充内容、填充边缘和填充纹理这三大类。

在设置图形填充时，在“属性”面板中单击“填充类别”，在列表中选择“填充选项”，在“填充选项”面板中进一步设置填充的相关属性，如图 11.28所示。

图案
黄土赭色
边缘：
消除锯齿
10
纹理：
沙纹
50%
透明

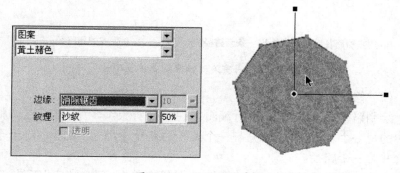

图 11.28　设置图形填充

3．矢量路径的绘制

在 Fireworks CS5 中，所有的矢量图形都可以看作由无数点构成的路径组成，绘制并修改这些矢量路径是 Fireworks 最重要的功能。

（1）绘制钢笔路径

在 Fireworks 中可以通过"钢笔"、"矢量路径"和"重绘路径"这 3 种工具来绘制自由形状的路径。"钢笔"工具通过描点法来创建路径，鼠标直接单击创建节点并生成直线路径，鼠标拖动创建节点时能够绘制平滑的贝塞尔曲线路径。绘制一个开放路径时，这个路径只具有描边属性；绘制一个闭合路径时，这个路径还具有填充属性，如图 11.29 所示。

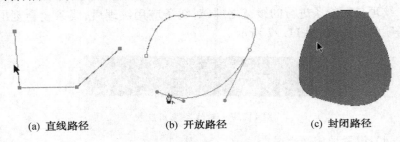

(a) 直线路径   (b) 开放路径   (c) 封闭路径

图 11.29 用钢笔工具绘制路径

"矢量路径"工具可以用鼠标直接拖放绘制自由形状的路径，"重绘路径"工具可以重绘或扩展所选路径段，同时保留这个路径的笔触、填充和滤镜特性，沿原路径上某一节点拖放绘制自由形状的路径，并将这一路径上相对较短的一侧路径替换掉，如图 11.30 所示。

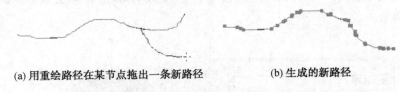

(a) 用重绘路径在某节点拖出一条新路径   (b) 生成的新路径

图 11.30 用重绘路径重绘或扩展路径

（2）修改路径

绘制路径后，即可对其进行编辑。在路径对象编辑中，既可以调整路径中的每一个节点，也可以分割一个路径为若干个路径，或者将若干个路径合并为一个路径。

在选中路径后，可以在 Fireworks 工具箱中单击"部分选定"工具，选择路径中的某个节点,然后进行拖曳操作,更改这个节点的位置,即可改变路径,如图11.31所示。

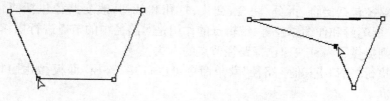

图 11.31　用"部分选定"工具修改路径

Fireworks 中的路径节点分为拉直点和平滑点两种。拉直点的两侧线条为直线,平滑点至少有一侧线条为曲线,按住【Alt】键拖放节点,能够实现拉直点和平滑点的转换。结合【Shift】键,可以同时选中多个节点,此时能够修改节点位置,但不能更改路径节点的属性。

Fireworks 允许通过"自由变形"或"更改区域形状"工具修改某一段路径,如图11.32所示。

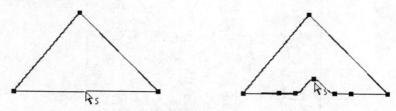

图 11.32　用"自由变形"工具修改路径

用 Fireworks 工具箱中的"刀子"工具在已有的路径上划出一条切割线,这条路径上就会显示两个切割点,这样就能够将原来的路径切成若干段,如图11.33所示。

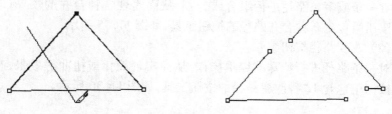

图 11.33　用"刀子"工具切割并分离路径

4. 路径对象的操作

路径对象操作包括组合路径、改变路径、编辑点和选择 4 个部分,其中组合路径包括接合、拆分、联合、交集、打孔和裁切;改变路径包括简化路径、扩展笔触和伸缩路径等;编辑点的作用是对路径中的节点进行操作;选择点则提供了一种快速选择路径节点的方式。

执行"窗口｜其他｜路径"菜单命令可以打开"路径"面板,如图 11.34 所示。

图 11.34 "路径"面板

(1) 合并路径按钮组

对一条或多条路径进行组合或分割,从而实现各种合并的效果,合并路径按钮组包含 9 种合并路径的按钮工具,如图 11.35 所示。

(2) 改变路径按钮组

对一条路径进行特殊的编辑操作,从而实现简化或扭曲等效果,改变路径按钮组包含 12 种改变路径的按钮工具,如图 11.36 所示。

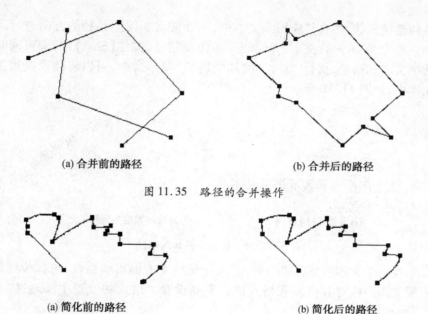

(a) 合并前的路径   (b) 合并后的路径

图 11.35 路径的合并操作

(a) 简化前的路径   (b) 简化后的路径

图 11.36 路径的简化操作

（3）编辑点按钮组

对路径中的节点进行操作,转换节点的各种类型等,以达到改变路径的效果,编辑点按钮组包含 19 种按钮工具,如图 11.37 所示。

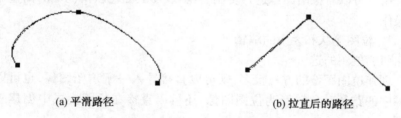

(a) 平滑路径   (b) 拉直后的路径

图 11.37 平滑路径和直线路径的互换

（4）选择点按钮组

选择点按钮组帮助用户选择路径中的各路径节点,以便对这些路径节点进行各种操作,选择点按钮组包含 7 种主要的按钮工具。

5. 路径文本的应用

Fireworks 中,路径的作用不仅是构成各种矢量图形,用户还可以绘制

各种路径形状,并将其应用到文本中,从而使文本按照路径的方向进行流动。首先,输入一行文本,并绘制一条曲线路径,按住【Shift】键,即可同时选中文本和路径,执行"文本|附加到路径"菜单命令,可以将路径应用到文本中,如图 11.38 所示。

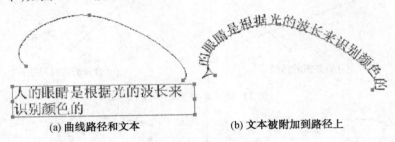

(a) 曲线路径和文本　　　　　　(b) 文本被附加到路径上

图 11.38　将文本附加到路径

当一个文本沿路径排列后,它还能保持文本的可编辑性,可以像编辑一般文本一样对其内容和格式进行重新设置。格式的设置主要通过"属性"面板进行。

11.5　位图对象的基本操作

位图是一种重要的图片类型,Fireworks 可以方便地对位图进行各种处理。用户可以对位图图像进行复制、裁剪、填充、变色以及色调的调整等基本操作。

1. 位图形状和大小的编辑

(1) 位图的选区

创建位图图像的方法很多,既可以直接导入一幅位图图像,也可以将图像中的路径对象转换为位图图像,还可以直接在位图模式中创建新的位图。

编辑位图最常用的方法是将位图导入 Fireworks 后,通过选取工具建立选区进行编辑,最主要的选取工具是"选取框"、"椭圆选取框"、"套索"、"多边形套索"和"魔术棒"工具,前 4 种选取工具根据形状创建选区,"魔术棒"工具用来选取颜色相近的像素区域。

在绘制各种类型的选区后,用户可以在"属性"面板中设置相应的属性进行修改,选区的属性主要包括 4 种:长宽值、XY 坐标、样式和动态选取框。通过设置这些属性,用户可以方便地对选区进行放大、缩小或增加各种特殊效果。

使用选取工具创建选区时,可以结合【Shift】键或【Alt】键扩大或者缩小选区范围,还可以利用"选择"菜单中的"扩展选取框"和"缩小选取框"子菜单来扩大或者缩小选区范围。

（2）位图的裁剪与缩放

裁剪位图就是将位图的某一部分从原图中删除,从而生成新的位图。在 Fireworks CS5 中,提供了"裁剪"工具 和"导出区域"工具 ,帮助用户进行此类操作。

"裁剪"工具可以方便地选择位图中需要保留的区域,然后删除未被选择的部分区域。操作步骤是:选择"裁剪"工具,在打开的位图中绘制裁剪的矩形区域,鼠标拖动矩形边框改变区域位置和大小,调整完毕后,按下【Enter】键完成裁剪操作,如图 11.39 所示。

图 11.39　对位图图像进行裁剪操作

除了裁剪位图外,Fireworks 还允许进行缩放操作,包括以像素为单位精确地缩放图像,或以鼠标拖动缩放图像。在 Fireworks 中可以选中位图图像,然后执行"修改｜画布｜图像大小"菜单命令,在弹出的"图像大小"对话框中修改整个图像文档的大小。

用户还可以通过"属性"面板,设置当前选择的图像文档的大小,以实现缩放。在 Fireworks 中选中图像对象后,可在"属性"面板中设置图像对象的宽和高,实现图像的缩放。

缩放图像对象和修改图像文档大小的主要区别是:修改图像文档的大

小后,整个图像的大小随之改变;而缩放图像对象时,画布不会改变,只会改变选中的图像对象。

选中图像对象,在 Fireworks 工具箱中单击"缩放"工具，然后拖动图像边上的 8 个句柄对图像进行缩放操作。

（3）位图的倾斜和扭曲

倾斜和扭曲是经常使用的图像编辑方法。Fireworks 提供了"倾斜"工具和"扭曲"工具帮助用户进行相应操作。

"倾斜"图像的操作步骤是：先选择图像区域,然后单击"倾斜"工具,拖动区域边上的 8 个句柄即可对图像进行倾斜操作,如图 11.40 所示。

图 11.40　对位图图像进行倾斜操作

"扭曲"图像的操作方法与"倾斜"图像的方法基本一致,区别是"倾斜"工具是把图像转换为梯形,而"扭曲"工具能够将矩形图像转换为任意的四边形。

2. 位图内容的编辑

位图导入以后,可以用"铅笔"工具、"刷子"工具和"油漆桶"工具等对其进行编辑,也可以对位图上的部分区域进行复制、羽化边缘、删除像素和裁剪图像等操作。

（1）绘制内容

Fireworks 不仅可以绘制矢量图形,也可以绘制位图图像。在 Fireworks 中,提供了"铅笔"工具和"刷子"工具进行各种绘制操作。

"铅笔"工具的作用是绘制宽度为 1 像素点的细线条。在"属性"面板中,用户能够设置铅笔工具的颜色、消除锯齿、自动擦除、保持透明度以及设置透明度的值等。

如果用户想要调整线条的粗细,可以使用"刷子"工具,其使用方法与"铅笔"工具类似,同样可以在"属性"面板中设置相关的属性,然后在图像上进行绘制。

（2）颜色的填充

Fireworks 中的"油漆桶"工具可以在没有任何选区的情况下,根据其容差值的大小来填充颜色或纹理,用户可以设置"油漆桶"工具的属性以填充不同的效果。

"油漆桶"工具的填充属性与矢量图形的填充设置类似。可以调整"容差"下拉框中的容差值,用以设置可被填充的颜色相近的像素范围（0～255）,值越大可被填充的像素越多,如果勾选"填充选区"复选框,将忽略颜色的容差设置,填充选区内的所有像素。

11.6 滤镜的应用

Fireworks 中的滤镜功能可用于设置各种图形图像的特殊效果,要使用Fireworks 滤镜,既可以执行"滤镜"菜单中的"特殊效果",也可以在"属性"面板中直接设置滤镜选项。

添加"滤镜"效果,首先需要在画布中导入一幅位图图像,然后单击"属性"面板中"滤镜"右边的"添加动态滤镜或选择预设"按钮，选择弹出菜单中的某个滤镜即可添加相应滤镜。

在 Fireworks 的滤镜功能中,有调整颜色的命令,也有添加阴影与浮雕的命令,还有设置模糊等多种命令。使用这些命令,用户可以方便地为图形图像添加特效。

1. 调整颜色

调整颜色命令的作用是以用户指定的数学方法对位图或矢量图中所使用的颜色数值进行计算,然后将计算获得的结果应用到位图或矢量图中。

Fireworks 提供的调整颜色共包含 7 种子命令,其中主要用来调整图像亮度的是"亮度/对比度"与"自动色阶"命令,用来改变图像色调的是"反转"、"色相/饱和度"、"色阶"和"曲线"命令。

（1）调整图像亮度和对比度

"亮度/对比度"滤镜用来调整图像的亮度和对比度。在"亮度/对比度"对话框中,亮度和对比度的参数范围都是 -100～100,向左拖动滑块降

低图像的亮度和对比度,向右拖动滑块增加亮度和对比度,如图 11.41
所示。

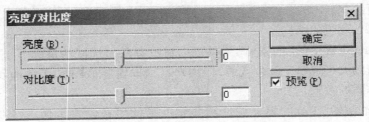

图 11.41 "亮度/对比度"对话框

(2) 调整图像色相和饱和度

"色相/饱和度"滤镜用来改变整幅图像色调,添加这个滤镜既可以改变图像的颜色,也可以将其转换为单色调图像。

在画布中选中位图后,添加"色相/饱和度"滤镜,弹出的对话框中包括"色相"、"饱和度"和"亮度"3 个参数,其中"色相"参数用来改变图像颜色,参数范围是 −180~180;"饱和度"参数用来设置颜色的纯度,参数范围是 −100~100,参数越大,颜色纯度越高;"亮度"参数调整图像的明暗关系,参数范围 −100~100,参数为 −100 时图像是黑色,参数是 100 时图像是白色,如图 11.42 所示。

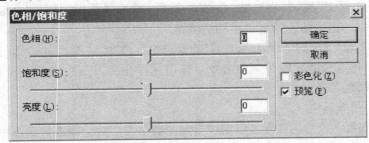

图 11.42 "色相/饱和度"对话框

当勾选对话框中的"彩色化"复选框时,图像中的颜色会变成单色,并且"色相"参数的范围变成 0~360,"饱和度"参数的范围变成 1~100,"亮度"参数保持不变,这时通过拖动"色相"滑块可将图像转换成统一的色调。

2．其他常用滤镜

（1）斜角与浮雕

"斜角与浮雕"包含不同的子滤镜，其中"内斜角"与"外斜角"滤镜是在对象上应用斜角边缘以获得凸起的外观，"凸起浮雕"与"凹入浮雕"滤镜能够使图像、对象或文本凹入画布或从画布凸起。

选中图像后，为其添加"内斜角"滤镜，在参数面板中设置"斜角边缘形状"、"宽度"、"对比度"、"柔化"和"角度"等参数，可以为其添加斜角效果，如图 11.43 所示。

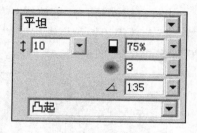

图 11.43　添加内斜角滤镜

"外斜角"滤镜效果与"内斜角"滤镜正好相反，而其参数设置相同，只是多了一个颜色设置，这样可以设置斜角边缘颜色。

"凸起浮雕"与"凹入浮雕"滤镜也是一组效果相反的滤镜命令，能够产生浮雕的效果。

（2）阴影和光晕

"阴影和光晕"包含阴影与发光两大类效果滤镜，其中"内侧光晕"与"光晕"是不同方向上的发光滤镜，"内侧阴影"、"纯色阴影"与"投影"是不同位置的阴影滤镜。

最常见的阴影效果是"投影"滤镜，在"属性"面板中添加"投影"滤镜后，设置其中的"距离"、"不透明度"、"柔化"和"角度"等参数，即可为其添加阴影效果，如图 11.44 所示。

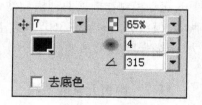

图 11.44　添加投影滤镜

"光晕"滤镜是外部发光的效果，添加这个滤镜以后，通过设置"宽度"、"不透明度"、"发光颜色"与"柔化"等参数，就可以在图形或图像的外部添加一层浅浅的光晕。

光晕滤镜和阴影滤镜不同的是，阴影滤镜是一定角度的光晕，而光晕滤镜是四周的光晕，所以在光晕滤镜参数面板中有一个"偏移"选项，设置这个选项的参数值，可以改变光晕与对象间的距离。

（3）模糊

"模糊"包含不同形式和形状的模糊子滤镜,其中"模糊"与"进一步模糊"滤镜没有参数,只要选择就可以添加模糊效果。"高斯模糊"滤镜可以设置模糊范围,而"放射状模糊"、"缩放模糊"和"运动模糊"滤镜是不同形状的模糊。

"放射状模糊"与"缩放模糊"滤镜虽然模糊形状不同,但是参数相同,"数量"参数用于控制模糊程度,"品质"参数用于控制模糊质量,数值越高模糊效果越好,如图 11.45 所示。

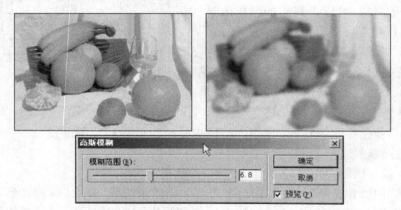

图 11.45   添加"高斯模糊"滤镜

运动模糊与前面两种模糊滤镜不同,它的参数包括"角度"和"距离"两项,模糊的方向能够 360°调整,同时也可以设置模糊辐射的距离,距离越大,模糊强度越大。

11.7   网页元素的创建

Fireworks 作为一款网页图形图像处理软件,支持以切片的方式裁剪图形或图像,对图形和图像进行优化,并将这些图形和图像导出为网页浏览器能够查看的图像格式。

1. 创建切片

切片是 Fireworks 中用于创建交互效果的基本部件。切片是网页对象,它不是以图像的形式存在的,而是以 HTML 代码的形式呈现,可以通过

"图层"面板中的"网页层"组查看、选择和重命名。

Fireworks 创建切片，主要使用"切片"〔图标〕和"多边形切片"〔图标〕两种工具。使用"切片"工具可以绘制矩形的切割对象，使用"多边形切片"工具可以无规则地切割对象。

选择"切片"工具后，在画布中单击并拖动鼠标就可以创建矩形切片。在"图层"面板的"网页层"组中创建切片层，如图 11.46 所示。

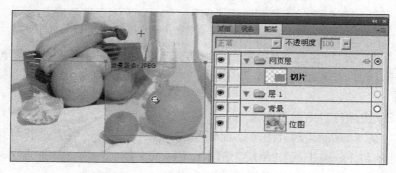

图 11.46　创建切片

除了使用"切片"工具外，还可以使用"多边形切片"工具绘制不规则形状的切片。

用户在选中切片后，可以通过"属性"面板设置切片的各种属性，以及导出为网页后的各种网页属性。

虽然"多边形切片"工具为创建各种形状的切片提供了方便，但在 Fireworks 自动生成 JavaScript 代码时，将不得不使用比"切片"工具更长的代码来实现这样的效果，这样浏览器将花费更多时间执行 JavaScript 代码，会降低了网页执行的速度。

2. 创建热点

Fireworks 中的热点与 Dreamweaver 中的热区基本相同，都是通过生成 XHTML 代码为图像添加用户交互的区域。其使用方法也与 Dreamweaver 十分类似，用户可以在工具箱中选择多种热点工具，包括"矩形热点"〔图标〕、"圆形热点"〔图标〕和"多边形热点"〔图标〕工具，来创建各种热点区域。

添加热点区域后，在"图层"面板的"网页层"组中创建热点层。选中热点区域后，用户可以在"属性"面板中设置热点区域的各种属性，如图 11.47 所示。

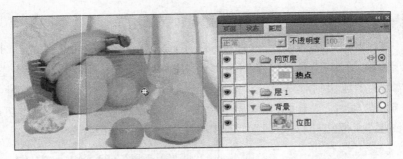

图 11.47　创建热点

在"形状"下拉列表中,用户可以将当前的热点区域转换成为其他类型的形状,热点区域的"链接"、"替代"和"目标"等属性与切片的同名属性相同。

3．优化与导出网页图像

在为 Fireworks 网页图像添加切片或热区后,用户还需要进行导出操作,才能将 Fireworks 的 PNG 图像输出为网页文档。Fireworks 提供了非常强大的导出工具,可以帮助用户快速输出多种类型的文档。

在 Fireworks 中,执行"文件│导出向导"菜单命令后,即可打开"导出向导"对话框,在这个对话框中单击"继续"按钮,选择 Fireworks 导出图像的目标和用途,如图 11.48 所示。

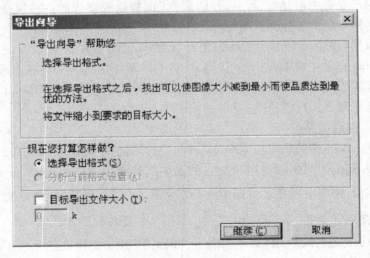

图 11.48　"导出向导"对话框

再单击"继续"按钮,Fireworks 对网页图像进行分析,然后为用户提供最佳的建议,确认建议后,就可以打开"图像预览"对话框。

在"图像预览"对话框中,用户可以设置导出图像的格式、品质等属性,以及各种优化内容,并对优化的结果进行预览。如果需要对网页图像进行缩放,可以选择"文件"选项卡,在更新的对话框中设置图像的缩放比例或裁剪导出的区域。

完成各项设置后,可以单击"导出"按钮,选择导出目录,将 Fireworks 生成的 XHTML 文档和图像切片导出到网站中。

 ## 本章小结

本章介绍了 Fireworks CS5 图像制作软件的基本操作方法,通过本章学习,用户应该掌握 Fireworks CS5 文档的基本操作、矢量图形、位图图像的创建和编辑、滤镜的使用和网页元素的编辑等。

[**实例 11.1**]

实例说明：设计网页 Logo。

实例分析：使用 Fireworks CS5，用户可以方便地设计出各种基于矢量图形或位图图像的网页 Logo。本例结合 Fireworks CS5 的矢量图形绘制、文本输入以及 Fireworks 滤镜等功能，设计和制作一个网页 Logo。

操作步骤：

① 在 Fireworks CS5 中新建一个尺寸为 360 px × 180 px、分辨率为 72 px/inch 的白色空白文档，然后导入素材文档 logoIcon. png。

② 在 Fireworks 工具箱中单击"文本"工具按钮，在画布中输入 Logo 的文本，并在"属性"面板中设置文本的属性。

③ 选中 Logo 文本的第三个汉字，然后在"属性"面板中设置其文本颜色为橙色。

④ 在 Logo 图标和文本下方绘制一条尺寸为 304 px × 1 px 的实线，然后在"属性"面板中设置其颜色和笔触样式。

⑤ 在实线下方输入企业的英文名称，然后在"属性"面板中设置文本的颜色为深灰色，并设置字体等其他属性。

⑥ 选中 Logo 的 4 个对象，然后在"属性"面板中单击"添加动态滤镜或选择预设"按钮，然后执行"阴影和光晕｜投影"命令，在弹出的对话框中设置投影的属性。

⑦ 用同样的方式，在"属性"面板中单击"添加动态滤镜和选择预设"按钮，然后执行"阴影和光晕｜光晕"命令，在弹出的对话框中设置光晕的属性，即可完成 Logo 的制作。

[**实例 11.2**]

实例说明：设计网页导航。

实例分析：导航是网页中的重要组成部分，通常由多个按钮组成。在使用 Fireworks CS5 设计网页导航时，需要制作导航的背景，并制作导航中按钮的各种状态。

操作步骤：

① 在 Fireworks 中新建一个尺寸为 1000 px × 300 px,分辨率为 72 px/inch 的白色空白文档,然后导入背景图像和前面一个实例中的网页 Logo。

② 绘制一个尺寸为 960 px × 50 px 的白色圆角矩形,设置其坐标为 (20,150),然后在"属性"面板中为其添加投影滤镜。

③ 复制这个圆角矩形,删除投影滤镜后,修改其填充的颜色为白色到黑色的渐变,添加 1 px 柔化线段的白色的笔触描边,然后设置透明度为 16%,添加内侧光晕的滤镜。

④ 在圆角矩形上方绘制一个白色实心填充的矩形,并设置其尺寸和位置,作为鼠标滑过导航条上的某个按钮的样式。

⑤ 用同样的方式,制作鼠标滑过其他一些按钮的样式,完成鼠标滑过效果的制作。

⑥ 复制鼠标滑过第一个按钮的矩形,作为鼠标按下第一个按钮的特效样式,然后修改矩形的填充为浅灰色到白色的渐变色,并添加内侧光晕的滤镜。

⑦ 用同样的方式,制作鼠标按下其他按钮时显示的矩形,将其移动到第一个按钮的右侧。

⑧ 输入按钮的文本内容,然后在"属性"面板中设置这些文本内容的属性,作为其添加投影滤镜,即可完成导航条的制作。

思考与练习

1. 工作区中如果找不到所需的面板,如何打开?
2. 如何在图层之间移动对象?
3. 可采用哪些方法调整位图图像的色调范围?
4. 选择对象和建立位图选区间有什么不同?
5. 自动形状是什么? 在哪里打开?
6. 如何使用"自动矢量模板"?
7. 如何让文字按照路径排列?
8. 为什么要对网络图像进行优化?
9. 元件可包含哪些对象? 在建立模型时有什么作用?
10. 行为是什么? 如何指定?

第 12 章　平面动画制作软件 Flash CS5

　　Flash 具有存储数据量小、矢量图形不失真、交互效果良好和播放流畅等特点,在网页设计中应用非常广泛,已经成为网络矢量动画的标准。

　　Flash 是一款矢量图形编辑和动画制作软件。从简单的动画到复杂的交互式 Web 应用程序,Flash 可以通过添加图片、声音和视频,创建丰富多彩的 Flash 媒体。Flash 还包含许多特殊功能,它不仅功能强大而且易于使用。

　　Flash CS5 相对于原有版本,对设计人员更加友好,代码易用性方面的功能得到增强;同时,Flash CS5 可以和 Flash Builder(最新版本的 Flex Builder)协作完成项目,可以通过导出对话框建立一个新的 Flash Builder 项目。

　　本章通过介绍 Adobe 公司最新推出的 Flash CS5,讲解平面动画设计与制作的基础知识。

12.1　Flash CS5 的工作界面

1. 启动 Flash CS5

　　执行"开始|程序|Adobe|Adobe Flash CS5"命令,启动 Flash CS5 程序,启动界面如图 12.1 所示。

　　如果用户已经在计算机上安装了 Adobe 公司的其他软件,如 Dreamweaver CS5,则可以将 Flash CS5 安装到同一目录下,便于使用和管理。

图 12.1　Flash CS5 的启动界面

2. Flash CS5 的"启动屏幕"

进入 Flash CS5 后,首先会出现带有"启动屏幕"的主窗口,如图 12.2 所示。

图 12.2　带有"启动屏幕"的主窗口

在"启动屏幕"中，能够快速地新建或打开曾经编辑过的文件，并提供快速入门教程。

如果在"启动屏幕"中勾选"不再显示"选项，下次启动 Flash 将不再显示"启动屏幕"。如果要再次显示"启动屏幕"，可以在"编辑"菜单中选择"首选参数"，在"启动时"下拉列表中勾选"欢迎屏幕"选项。

3. 菜单栏

Flash CS5 的菜单栏包括"文件"、"编辑"、"视图"、"插入"、"修改"、"文本"、"命令"、"控制"、"调试"、"窗口"、"帮助"这 10 组菜单，包含 Flash CS5 绝大部分的功能。

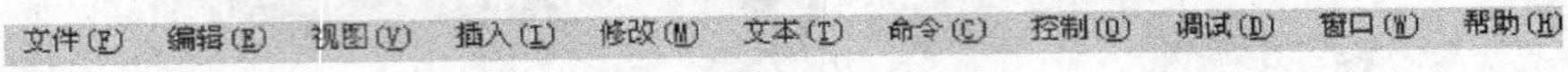

图 12.3　Flash CS5 的菜单栏

4. 主工具栏

Flash CS5 的主工具栏常用的一些功能，如图 12.4 所示。主工具栏可以在"窗口"菜单中打开或关闭。

图 12.4　Flash CS5 的主工具栏

5. 工作区

工作区也就是通常所说的场景和舞台，是进行 Flash 动画创作的主要场所，如图 12.5 所示。场景包括舞台和标签，图形和动画的编辑制作必须在场景中进行，一个动画可以包含多个场景；舞台是场景中最主要的部分，动画的展示是在舞台上进行的。

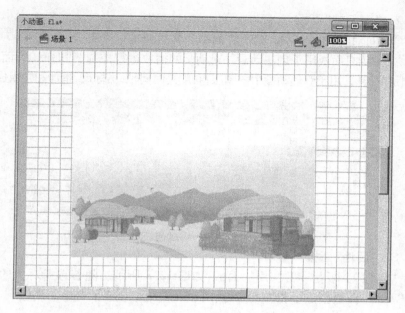

图 12.5　Flash CS5 的工作区

6."工具箱"面板

Flash CS5 的"工具箱"面板包含了绘制和编辑图形的所有工具,如图 12.6所示。工具箱中有强大的矢量图形绘制工具,其中包括标准绘图工具、自由绘图工具、编辑对象工具、颜色填充工具和文本工具等。"工具箱"面板可以在"窗口"菜单中打开或关闭。

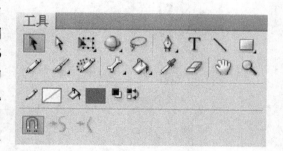

图 12.6　Flash CS5 的工具箱面板

在"工具箱"面板中,有许多按钮右下角带有向下箭头,单击向下箭头,就会弹出一个下拉工具组,在其中可以切换按钮的不同状态。

鼠标停留在不同工具按钮上时,会显示相应按钮的功能提示。

7．"时间轴"面板

"时间轴"面板是 Flash CS5 界面中非常重要的一个部分，如图 12.7 所示。"时间轴"面板用于创建动画并对动画的播放进行控制。"时间轴"面板左侧是图层区，用于管理动画中的图层；右侧是时间轴，由标尺、指针和帧组成。

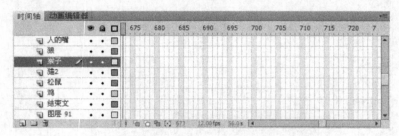

图 12.7　Flash CS5 的"时间轴"面板

8．"属性"面板

"属性"面板是非常实用的面板，如图 12.8 所示。随着选择对象的不同，"属性"面板会显示相应的参数，可以在这里修改当前对象的属性。

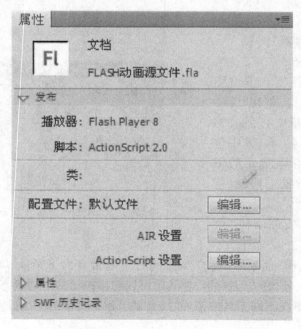

图 12.8　Flash CS5 的"属性"面板

9.　"库"面板

用户所创建的元件会自动导入库,外部素材也可以通过库导入,用户制作动画时可以通过库面板方便地管理资源,如图 12.9 所示。"库"面板包括库和公共库,库中收集的是当前动画相关的资源,而公共库中管理的是 Flash CS5 提供的一些素材,包括声音、按钮、类等。

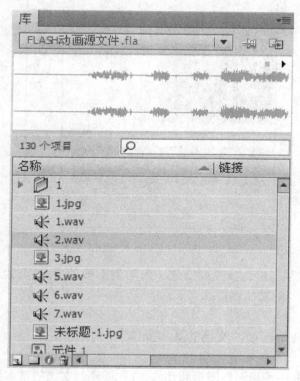

图 12.9　"库"面板

10.　功能面板组

Flash CS5 还提供了一组功能面板,如图 12.8 所示,单击按钮可以打开相应的功能面板。功能面板组包括颜色、样本、对齐、信息、变形、代码片断、组件和动画预设这 8 个面板,可以对相关功能进行配置。

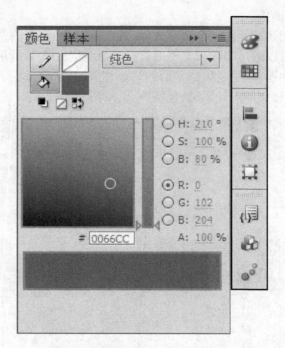

图 12.10　Flash CS5 的功能面板组

　　"窗口"菜单里也分栏列出这一组功能面板的菜单项,也可以在这里
选择打开相应的功能面板。

12.2　Flash CS5 文档的基本操作

　　在 Flash 中编辑制作图形和动画,首先要熟悉文档的基本操作,包括首
选参数的配置以及文档的创建、保存、关闭等。

　　1. 工作参数的设定

　　执行"编辑│首选参数"菜单命令,打开"首选参数"对话框,设置 Flash
的基本工作参数,如图 12.11 所示。

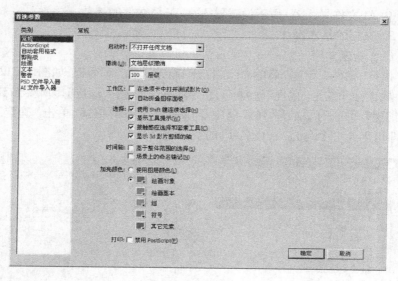

图 12.11 "首选参数"对话框

"首选参数"对话框里有 9 个类别用于配置 Flash。

① 常规：用于设置 Flash 的整体环境。

"启动时"下拉列表用于指定启动 Flash 时是先打开文档，还是先新建文档，或是显示"欢迎屏幕"。

撤销级别可以是文档或对象两个级别，文档级别为文档维护一个列表，对象级别为每个对象单独维护一个列表。

撤销次数可以设置为 2 ~ 300 之间的一个整数，数值太大占用大量内存，具体数值大小视机器性能和需要而定，默认为 100。

② ActionScript：设置 ActionScript 的编程环境。

③ 自动套用格式：确定以自动或手动方式设置代码格式以及代码的缩进。

④ 剪贴板：设置位图的各种参数。

⑤ 绘画：设置钢笔等与图形相关的参数。

⑥ 文本：设置与字体、文本相关的参数。

⑦ 警告：设定当程序出现可识别的错误时，是否出现相应的警告信息。

⑧ PSD 文件导入器：用于设置导入 PSD 文件的参数。

⑨ AI 文件导入器:用于设置导入 AI 矢量文件的参数。

2．文档的基本操作

（1）新建文档

执行"文件｜新建"菜单命令,打开"新建文档"对话框,如图 12.12 所示。默认打开的是"常规"选项卡,在"类型"列表中可以选择所要新建的文档类型,右边的"描述"列表框中显示所选类型的描述,单击"确定"按钮,即可创建一个名为"未命名-1"的空白文档。

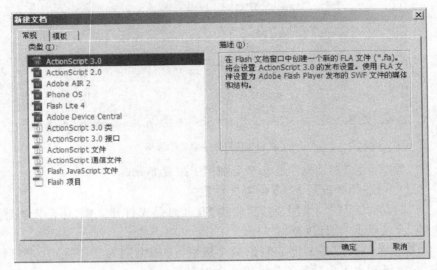

图 12.12 "新建文档"对话框

除了使用菜单新建 Flash 文档外,还可以在主工具栏中单击"新建"按钮,也可以在"启动屏幕"中选择相应的文档类型打开。

（2）打开文档

用户可以通过执行"文件｜打开"菜单命令打开 Flash 文档,或在主工具栏中单击"打开"按钮,在弹出的"打开"对话框中选择要打开的文档,如图 12.13 所示。

Flash 源文件默认的扩展名是". fla",除了 fla 文件,Flash 还可以打开输出文件(swf)、脚本源文件(as)、动作脚本通信文件(asc)等文件格式。

图 12.13 "打开"对话框

（3）保存文档

在完成 Flash 文档的编辑与修改后，需要对其进行保存操作，可以通过执行"文件|保存"菜单命令保存文档，也可以单击主工具栏上的"保存"按钮，打开"另存为"对话框，如图 12.14 所示，设置好文件的保存路径、文件名和保存类型后，单击"保存"按钮。

图 12.14 "另存为"对话框

12.3 Flash CS5 基本绘图工具

Flash 动画制作过程中,可以通过 Flash CS5 自带的绘图工具绘制矢量图形,在制作动画前首先需要熟练掌握基本图形绘制工具的操作方法。

1. 选择工具

选择工具是 Flash 中最常用的工具,主要包括"选择"工具 ![icon]、"部分选取"工具 ![icon] 和套索工具 ![icon]。

(1)"选择"工具

当使用"选择"工具单击对象后,矢量图形会以像素点的方式高亮显示,位图或元件等会以蓝色边框线高亮显示。

"选择"工具可以在舞台中选择或移动物体,矢量图形可以通过框选或单击"选择"后进行拖动,位图或元件等直接单击后就可以拖动。

"选择"工具也可以用来修改贝塞尔曲线中的端点和拐角。当使用"选择"工具贴近矢量图边缘时,选择工具旁会出现一个小弧线,此时可以通过拖动来修改矢量图形。

(2)"部分选取"工具

"部分选取"工具主要有两个功能,一是选择已经生成的锚点,通过拖动改变其位置;二就是拖动锚点的控制柄来改变线条的弧度。

(3)"套索"工具

"套索"工具比前面两种选择工具更加灵活,可以选取矢量图形中不规则的区域,若要操作位图图形,可以用【Ctrl】+【B】先将位图打散以转换成矢量图形,然后再进行选取。

选择"套索"工具后,工具面板中将出现"魔术棒" ![icon]、"魔术棒设置" ![icon] 和"多边形模式" ![icon] 这 3 个按钮。"魔术棒"可通过单击选择附近相似色彩的区域,"魔术棒设置"进行色彩范围的设置;"多边形模式"是通过直线方式来进行选取。

2. 线条绘图工具

"线条"是图形最基本的元素,在 Flash CS5 中,线条绘图工具主要包括"线条"工具 ![icon]、"铅笔"工具 ![icon] 和"钢笔"工具组 ![icon] 等。

（1）"线条"工具

使用"线条"工具可以绘制不同角度的矢量直线,通过"属性"面板可以修改直线的位置、大小、笔触、颜色和样式等属性,如图 12.15 所示。使用"线条"工具,并按住【Shift】键可以绘制以 45°角为增量的直线。

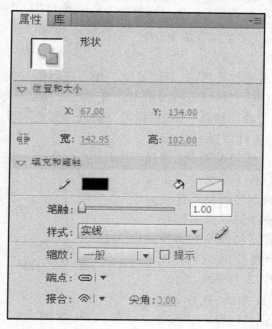

图 12.15 "直线"工具属性面板

（2）"铅笔"工具

使用"铅笔"工具可以绘制任意线条,如图 12.16 所示。

图 12.16 使用"铅笔"工具绘制图形

选择"铅笔"工具后，在"工具"面板中会
出现"铅笔模式"按钮 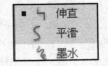，单击可以打开模式
选择菜单，如图 12.17 所示。

其中"伸直"模式使绘制的线条尽量规整
为几何图形，"平滑"模式能尽量消除线条的
图 12.17　"铅笔模式"菜单
棱角，"墨水"模式使绘制线条接近于手写的效果。

（3）"钢笔"工具组

"钢笔"工具也称贝塞尔工具，是专门用于进行弧线矢量图形绘制的
工具。选中"钢笔"工具组后再次单击即可弹出工具组菜单，"钢笔"工具
组包括"钢笔"、"添加锚点"、"删除锚点"和"转换锚点"4 个工具。

"钢笔"工具可以通过锚点来
绘制比较复杂、精细的曲线，选择
"钢笔"工具后，在工作区中单击可
以添加锚点，锚点之间自动连接为
一条直线，如果添加锚点时按住不
放，可以改变直线的曲率并转换为
曲线，添加多个锚点，可以创建一个
连续曲线，如图 12.18 所示。

如果是开放曲线，按住【Ctrl】
键单击工作区任意位置可以结束绘
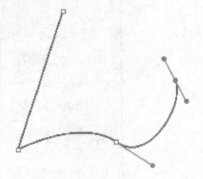
图 12.18　使用"钢笔"工具绘制曲线
制；如果是闭合曲线，当鼠标移到起始锚点时单击，即可闭合曲线结束
绘制。

使用"钢笔"工具绘制好曲线后，可以通过"添加锚点"、"删除锚点"和
"转换锚点"这几个工具进行修改。

3．图形绘制工具

对于几何图形的绘制，可以使用 Flash CS5 提供的图形绘制工具，这些
图形绘制工具主要包括"矩形"工具 ▭、"椭圆"工具 ●、"基本矩形"工具
▭、"基本椭圆"工具 ◉ 和"多角星形"工具 ◆ 等，它们在工具面板中归类
在同一个工具组中。

（1）"矩形"工具

使用"矩形"工具可以在工作区中绘制矩形，按住【Shift】键可以绘制

正方形。在"属性"面板的"矩形选项"区域可以设置"矩形边角半径",然后可以绘制圆角矩形,如图 12.19 所示。

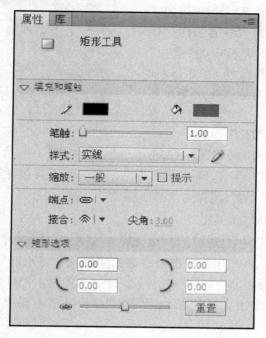

图 12.19 "矩形"工具属性面板

单击"矩形选项"中的"将边角半径控件锁定为一个控件"按钮 ,可以为矩形四个角设定不同的圆角半径值。

（2）"椭圆"工具

选择"椭圆"工具,在工作区中按住鼠标左键拖动,可以绘制出椭圆,按住【Shift】键拖动,可以绘制圆。

（3）"基本矩形"工具

使用"基本矩形"工具,可以绘制出更加易于控制和修改的矩形,绘制完成后,选择"部分选取"工具,再单击这个矩形可以通过属性面板对其属性进行修改。

（4）"基本椭圆"工具

与"基本矩形"工具类似,使用"基本椭圆"工具可以绘制出更加易于控制和修改的椭圆,绘制完成后,选择"部分选取"工具,再单击该椭圆,则可以通过属性面板对其属性进行修改。

（5）"多角星形"工具

"多角星形"是一个常用的工具,可以绘制多边形和多角星形图形。单击"属性"面板中的"选项"按钮,打开"工具设置"对话框,如图 12.20 所示,可以改变多角星形的类型。

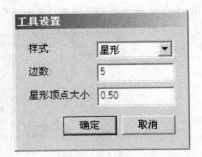

4. 颜色填充工具

图 12.20　"多角星形"工具设置对话框

线条和图形绘制完成以后,可以进行颜色的填充操作,Flash CS5 中的颜色填充工具包括"颜料桶"工具组、"刷子"工具组和滴管工具等。

（1）"颜料桶"工具组

"颜料桶"工具组包括"颜料桶"和"墨水瓶"两种工具。

"颜料桶"工具用于修改图形内部的颜色,而"墨水瓶"工具用于修改矢量线条或图形外部边框的颜色。这两个工具的基本操作方法相似,都是在"属性"面板中定义好颜色和笔触大小,然后单击相应的线条或图形对象。

使用"颜料桶"工具修改内部颜色时,工具面板中多了一个"空隙大小"按钮,能够修改近似封闭区域的填充颜色,如图 12.21 所示。

图 12.21　利用"空隙大小"按钮进行填充

（2）"刷子"工具组

"刷子"工具组包括"刷子"工具和"喷涂刷"工具。

"刷子"工具可以绘制形态各异的矢量色块或创建特殊的绘制效果,与前面讲的"铅笔"工具和"线条"工具不同的是,"刷子"工具绘制出来的图形是填充的效果。

使用"刷子"工具时,工具面板中多了一个"刷子模式"按钮组,其中包括 5 个次选按钮,可以针对不同的前景对象进行绘制,如图12.22 所示。

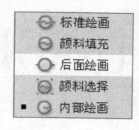

图 12.22　"刷子模式"按钮组

"标准绘画"即为通常的绘图方式;"颜料填充"不影响前景中的矢量图形;"后面绘画"绘制在前景中的矢量图形后面;"颜料选择"只绘制在所选择区域里;"内部绘画"只绘制在起点所处的矢量区域中。

"喷涂刷"工具类似于现实中的喷漆效果。

（3）"文本"工具

Flash 中提供了文本编辑工具 Ｔ ,可以制作丰富的文字效果。

文本的添加及属性设置较为简单,用户可以直接在"属性"面板中设置各种效果。在"高级字符"属性中可以添加文本的超级链接效果;在"显示"属性中可以将文本缓存为位图,这样可以减少特殊字体的文件大小。

文本不是矢量图形,不能进行填充着色等操作,可以用【Ctrl】+【B】的方法将文本对象打散以转换为矢量对象,再进行文字的艺术效果和动态效果设计,但要注意的是这一过程不可逆。

5. 三维操作工具

从 Flash CS4 开始新增了"3D 旋转"工具 和"3D 平移"工具 ,主要是为平面对象添加 Z 轴,以生成逼真的 3D 效果。

（1）"3D 旋转"工具

选择"3D 旋转"工具后,单击一个对象,在对象中央会出现一个类似瞄准镜的图形,十字的外围是两个圈,并且它们呈现不同的颜色,当鼠标移动到红色的中心垂直线时,鼠标右下角会出现一个"x",表示 X 轴;当鼠标移动到绿色水平线时,鼠标右下角会出现一个"y",表示 Y 轴;当鼠标移动到蓝色圆圈时,鼠标右下角又出现一个"z",表示 Z 轴;用鼠标拖动即可旋转对象,旋转时圆圈中的灰色区域代表调节角度,如图 12.23 所示。

图 12.23　"3D 旋转"工具的效果

（2）"3D 平移"工具

"3D 平移"工具类似于"3D 旋转"工具，3D 旋转工具针对 Z 轴的操作会同时影响 X 和 Y 轴，而平移操作能够在不影响其他轴的情况下对单一轴进行操作。

选择"3D 平移"工具后，单击一个对象，在对象中央会出现一个数轴，水平红色为 X 轴，可以对 X 轴横向轴进行调整；垂直绿色为 Y 轴，可以对 Y 轴纵向轴进行调整；中间的黑色圆点为 Z 轴，可以对 Z 轴进行调整。另外也可以通过属性面板中的"3D 定位和查看"来调整图像的 X 轴、Y 轴、Z 轴的数值。

6．"变形"工具组

"变形"工具组中有两个工具，一个是"任意变形"工具，另一个是"渐变变形"工具；也可以通过"变形"面板进行更精确地调整。

（1）"任意变形"工具

选择"任意变形"工具后，单击对象时，对象四周会出现 8 个控制点，当鼠标移到这 8 个控制点上时，就会出现水平、垂直或倾斜的双向箭头标志，这时可以进行缩放操作；当鼠标移动到边框线上时，会出现⇌标志，这时可以进行倾斜操作；当移动到四个角的外侧时，会出现↻标志，这时可进行旋转操作。

（2）"渐变变形"工具

"渐变变形"工具是用来改变颜色填充或位图填充的尺寸、方向或中心点，从而进行渐变颜色填充或位图填充变形的一个工具。选择"任意变形"工具后，单击一个渐变填充的对象，这时通过拖动图形中的不同句柄可以对颜色填充进行平移、缩放、旋转等操作，如图 12.24 所示。

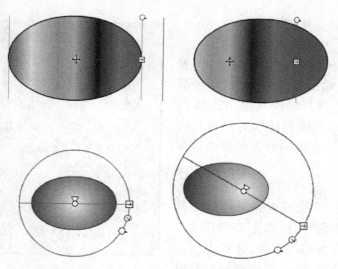

图 12.24　使用"渐变变形"工具调整填充颜色

（3）"变形"面板

使用"变形"面板可以将缩放比例以数值的方式精确体现,如图 12.25 所示,直接改动面板中的数值就可进行精确的变形。

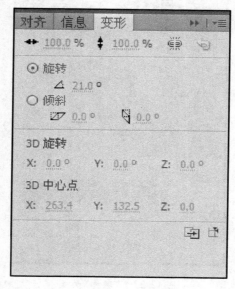

图 12.25　"变形"面板

7. 其他常用工具

（1）"对齐"面板

对象的对齐操作可以通过"对齐"面板或"修改|对齐"菜单中的相应命令进行操作，如图 12.26 所示。"对齐"面板能够对对象进行水平、垂直方向的对齐或分布排列操作。

（2）"颜色"工具和面板

"颜色"的设置除了使用工具面板下面的"笔触颜色" ![笔触颜色] 和"填充颜色" ![填充颜色] 进行设置外，还可以使用"颜色"面板进行更精细的颜色设置，如图 12.27 所示。

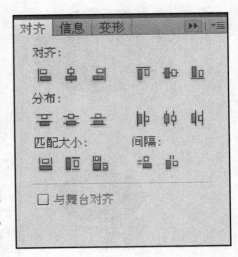

图 12.26　"对齐"面板

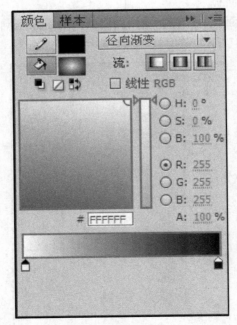

图 12.27　"颜色"面板

（3）"缩放"工具

通过"缩放"工具 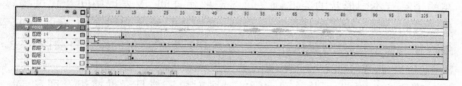 可以进行对象的局部放大操作，以便于进行局部修改，选择"缩放"工具后，单击或框选对象可以进行放大操作，按住【Alt】键后单击则进行缩小操作。

12.4　Flash CS5 动画设计基础

动画是由一系列连续的静态画面构成的，这些静态画面称为帧，由于人眼看到画面时有大约 0.1 秒的暂留效应，以一定的速度播放这些连续画面就能产生运动效果。

Flash 中有两种基本类型的动画，分别是逐帧动画和补间动画。逐帧动画需要为每一帧创建图像，而补间动画只需要定义起始帧和结束帧的图像，然后让 Flash 通过计算自动创建中间的各帧画面，因此补间动画文件要小得多，特别适合于在网络上传输。补间动画又分为形状补间动画和运动补间动画两种。

1. 时间轴、帧和图层

（1）时间轴

时间轴是进行 Flash 创作的核心部分，如图 12.28 所示，从形式上看可以由两个部分组成：左侧的图层操作区和右侧的帧操作区，分别表示动画的层次和时间关系。

图 12.28　"时间轴"面板

（2）帧

任何动画都由帧来组成，每个帧都包含一个静态的图像，帧操作区表示动画的时间关系，动画中的帧按从左到右的顺序播放时，就产生运动的效果。在 Flash CS5 中，帧在时间轴上以小方格的形式显示，帧是播放动画的最小时间单位。帧表现在时间轴面板上，时间轴的上方每 5 帧有一个帧序号标识，其中关键帧带有一个黑色的圆点，普通帧则显示为一个个普通的单元格。

（3）图层

图层操作区表示动画的层次关系，图层有助于组织文档中的内容，它按从上到下的叠放顺序显示图像，上面的层是动画的前景，下面的层是动画的背景。

2．创建逐帧动画

逐帧动画也叫"帧帧动画"，是最常见的动画形式，适合表现在每一帧中都有变化而不是简单的在舞台上移动的复杂动画，它的原理是在时间轴的每帧上绘制不同的内容，也就是逐帧添加关键帧，并在关键帧中绘制不同图形，这样连续播放就能够产生动画的效果。由于每帧内容都不一样，最终输出文件量比较大，但适合于表现很细腻的动画。

创建逐帧动画有以下常用方法：

● 在场景中一帧帧画出帧内容。

● 画出第一帧图像，通过"插入关键帧"并对图像内容对进行微调，以产生与前一关键帧稍有差别的动画对象。

● 通过动作脚本语句实现元件的变化效果。

● 导入静态图片建立逐帧动画。

● 导入序列图像，如 gif 图像、swf 动画文件等。

3．创建形状补间动画

形状补间动画是在制作对象形状变化时经常用到的动画形式，它通过在两个具有不同形状的关键帧之间指定形状补间，以表现中间变化过程。形状补间动画至少应包括两个关键帧，也就是起始帧和结束帧，通过在起始帧和结束帧绘制不同形状的对象，系统根据两帧形状的差别自动插入过渡帧，以产生这两帧图形对象间的渐变过程。

需要注意的是，形状补间动画的动画对象不能是元件或组合图形，对于图形元件、文或组合对象必须先将其分离后才能创建形状补间动画。

4．创建动作补间动画

制作动作补间动画时，只需要对后一个关键帧中的元件实例、组合体或文本的属性进行修改，包括位置、大小、旋转角度、颜色、亮度和不透明度等属性，Flash 能够自动补间前后关键帧之间的过渡变化。

5. 创建遮罩动画

遮罩动画可以用来制作较为复杂的动画特效。Flash 中有一个遮罩图层类型，通过在遮罩图层上绘制一个任意形状的镂空图形，遮罩图层下方的图形内容通过这个镂空图形显示出来，图形外的内容被隐藏起来。

遮罩图层的创建方法较为简单，只要右击任一普通图层，并选择"遮罩层"，该层就会转换为遮罩层，该遮罩层以及下面的被遮置层图标均会相应改变，如图 12.29 所示。

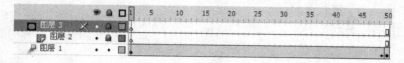

图 12.29 创建遮罩图层

要让遮罩层遮住其他的图层，直接将这个图层拖到遮罩层图标下面即可。

12.5 ActionScript 3.0 简介

ActionScript 是 Flash 中的脚本语言，设计者可以使用 ActionScript 脚本语言在 Flash 动画中添加交互行为，实现不容易用时间轴表现的复杂功能，进行高级交互动画的开发。

ActionScript 目前已有多个版本，主要为 ActionScript 1.0, ActionScript 2.0 和 ActionScript 3.0。与其他 ActionScript 版本相比，ActionScript 3.0 的执行速度极快，它提供了更出色的 XML 处理、改进的事件模型以及用于处理屏幕元素的改进的体系结构，但在 ActionScript 3.0 的 FLA 文件中不能包含 ActionScript 的早期版本。

在 Flash 中编写 ActionScript 时，要创建文档内部的脚本，可以在动作面板中直接输入 ActionScript 代码；要创建文档外部的脚本，可以使用脚本窗口。在动作面板和脚本窗口中都有脚本面板和动作工具箱。

1. "动作"面板

在 Flash 中添加动作脚本语句是通过"动作"面板实现的，"动作"面板主要由工具栏、脚本窗口、动作工具箱和对象窗口组成，如图 12.30 所示。

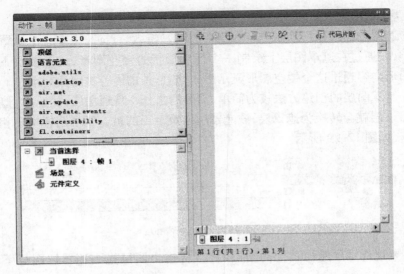

图 12.30　ActionScript 3.0 的"动作"面板

2．脚本窗口

"动作"面板是编辑时间轴代码的主要工具。随着 ActionScript 3.0 的应用,更多的代码在被称为"脚本文件"的外部文件中保存。为编辑和调试这些代码,Flash 提供了专门的"脚本窗口"。

"脚本窗口"是一个项目最主要的代码编辑区域,它可以实现变量定义、函数声明、自定义类等所有 ActionScript 允许的语法。

3．"输出"面板

"输出"面板是测试程序的有效工具,执行"窗口 | 输出"菜单命令可以打开"输出"面板,如图 12.31 所示。

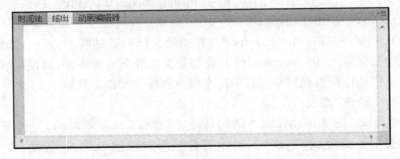

图 12.31　"输出"面板

12.6　测试与发布影片

影片制作完成后,可以将影片导出或发布。在发布影片前,应当根据使用场合的需要,对影片进行适当的优化处理,这样可以在保证不影响动画质量的情况下获得最快的播放速度。另外,在发布影片时,可以设置多种发布格式,保证制作成的影片与其他的应用程序兼容。

1. 调试方法

Flash 包括一个单独的 ActionScript 3.0 调试器,这个调试器只能用于 ActionScript 3.0 FLA 和 AS 文件,FLA 文件必须将发布设置为 Flash Player 9。ActionScript 3.0 调试时,Flash 会启动独立的 Flash Player 调试板来播放 SWF 文件。Flash 有以下几种调试影片的方法:

- 从 FLA 文件开始调试。执行"调试 | 调试影片"菜单命令。
- 从 ActionScript 3.0 AS 文件开始调试。
- 向所有通过 FLA 文件创建的 SWF 文件添加调试信息。

2. 发布影片

影片共享发布时,首先需要将源文件发布或导出为通用播放格式,可以创建 Flash 播放器能播放的 SWF 文件格式,也可以根据需要生成 HTML 文件,供用户在浏览器中播放。

(1) 发布 SWF 格式的影片

① 执行"文件 | 发布设置"菜单命令,在"Flash"选项卡中可以对 SWF 影片发布进行设置,如图 12.32a 所示。

② 在"版本"下拉列表中,选择一种播放器版本。

③ 在"ActionScript 版本"下拉列表中,指定 ActionScript 的版本。

④ 设置完成后,单击"发布"按钮,即可发布 SWF 动画文件。

(2) 发布 HTML 面面

用户可以在 Web 浏览器中播放 Flash 影片,在"发布设置"对话框的"HTML"选项卡中可以修改这些设置,如图 12.32b 所示。

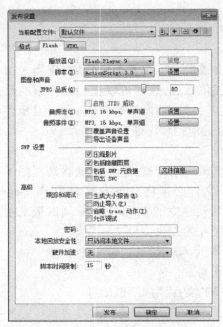 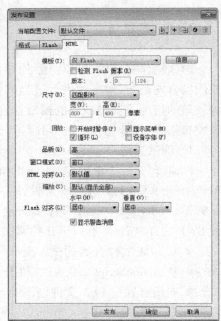

(a) Flash 选项卡   (b) HTML 选项卡

图 12.32　"发布设置"对话框

3．导出影片

"文件"菜单中的"导出影片"功能可以将 Flash 文档导出为静止图像格式,也可以将文档中的每一帧都创建一个带有编号的图像文件,还可以将文档中的声音转换为 WAV 文件。

本章小结

　　本章介绍了 Flash CS5 图像制作软件的基本操作方法,通过本章学习,用户能够掌握 Flash 文档的基本操作、绘图工具、动画工具、动画设计基础、ActionScript 基础知识以及影片的测试与发布等。

[实例 12.1]

实例说明：制作一个蝴蝶扇动翅膀的逐帧动画。

操作步骤：

① 新建一个空白文档。

② 执行"修改｜文档"菜单命令，将尺寸修改为 400 px×300 px。

③ 在第一帧绘制一只蝴蝶的图像，如实例图 12.1a 所示。

④ 右击下一帧，选择"插入关键帧"，对该帧中蝴蝶的翅膀进行变形操作，如实例图 12.1b 所示。

⑤ 继续添加其他关键帧，直至整个动画制作完成，按【Ctrl】+【Enter】键测试动画。

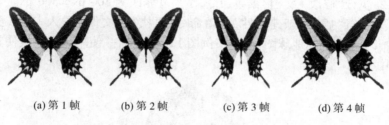

(a)第 1 帧   (b)第 2 帧   (c)第 3 帧   (d)第 4 帧

实例图 12.1　关键帧中的图形对象

⑥ 执行"控制｜播放"菜单命令，测试动画效果。

[实例 12.2]

实例说明：制作字母变形的形状补间动画。

操作步骤：

① 新建一个空白文档。

② 执行"修改｜文档"菜单命令，将尺寸修改为 300 px×300 px。

③ 用文本工具输入大写字母"A"。

④ 在第 10 帧、第 20 帧、第 30 帧和第 40 帧处分别插入关键帧，并将字母分别改为"B"、"C"和"D"，如实例图 12.2 所示。

ABCD

实例图 12.2　在舞台上输入文字

⑤ 右击添加的字母，执行"分离"命令，将字母打散。

⑥ 分别选中这 4 个关键帧的中间位置，右击并执行"创建补间形状"。

⑦ 执行"控制｜播放"菜单命令，测试动画效果。

[实例 12.3]

实例说明：制作旋转效果的动作补间动画。

操作步骤：

① 新建一个空白文档；

② 执行"修改｜文档"菜单命令，将尺寸修改为 300 px × 300 px。

③ 执行"插入｜新建元件"菜单命令，再执行"文件｜导入｜导入到舞台"命令，导入一幅地球图片，如实例图 12.3 所示，并使用对齐面板使其上下居中。

实例图 12.3　导入的地球图片

④ 回到场景 1，将制作好的元件从库面板拖入舞台中央，并使用对齐面板使其上下居中。

⑤ 选择第 50 帧，并插入一个关键帧，右击两个关键帧间任意一帧，并选择"创建补间动画"。

⑥ 选择两个关键帧间任意一帧，在属性面板中设置其顺时针旋转 1 次，如实例图 12.4 所示。

⑦ 执行"控制｜播放"菜单命令，测试动画效果。

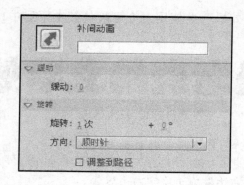

实例图 12.4　在属性面板中设置旋转效果

[**实例 12.4**]

实例说明：制作颜色渐变文字效果的遮罩动画。

操作步骤：

① 新建一个空白文档；

② 执行"修改│文档"菜单命令，将尺寸修改为 600 px ×300 px；

③ 打开颜色面板，设置黑白相间的线性渐变，如实例图 12.5 所示，在图层 1 上绘制一个 700 px ×200 px 的矩形，使用对齐面板使其上下居中，按【Ctrl】+【G】快捷键，将其组合。

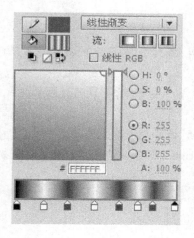

实例图 12.5　设置线性渐变

④ 插入一个新的图层，命名为"遮罩文字"，在其中输入传统文本文字

"颜色渐变的文字效果"，并使用对齐面板使其上下居中，如实例图12.6所示。

颜色渐变的文字效果

实例图 12.6　输入文字

⑤ 右击第 50 帧，在快捷菜单中选择"插入帧"。

⑥ 在图层 1 的第 1 帧，将矩形左边框拖至文字左边界，在 50 帧处添加关键帧，并将矩形右边框拖至文字右边界。

⑦ 右击图层 1 两关键帧间任意一帧，执行"创建传统补间"命令，创建"运动渐变"动画。

⑧ 右击"遮罩文字"层，执行"遮罩层"命令，将该层设置为遮罩层。

⑨ 执行"控制｜播放"菜单命令，测试动画效果，如实例图 12.7 所示。

实例图 12.7　颜色渐变的文字效果

思考与练习

1. Flash CS5 是由哪家公司开发的软件？它的主要功能和作用是什么？

2. 要在时间线中添加关键帧，可以通过哪些方式来实现？

3. 简述遮罩层的作用。

4. 简述 Flash CS5 中元件的类型及其基本特征。

5. 简述 ActionScript 3.0 与以前版本相比，具备哪些特点？

参考文献

［1］赵祖荫:《网页设计与制作教程》(第 3 版),清华大学出版社,
    2008。
［2］胡永辉:《ASP 动态网页编程与上机指导》,清华大学出版社,
    2007 年。
［3］马谧挺:《Flash CS4 完美入门》,清华大学出版社,2009。
［4］胡仁喜:《Fireworks CS4 中文版标准实例教程》,机械工业出版社,
    2009 年。